U0270809

人工智能开发丛书

人工智能开发语言
——Python

潘风文　潘启儒　著

Artificial Intelligence Language-Python

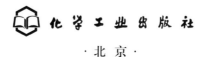

化学工业出版社

·北京·

本书以浅显易懂的语言对 Python 进行了全面系统的介绍，采用范例加图解的形式讲解，读者可轻松阅读。全书主要内容包括 Python 语言的基础语法、数据类型、运算符、函数、类、对象以及常用的标准功能模块，最后以实例的形式介绍了开发机器学习和人工智能应用所需的知识及相应的功能模块。

本书适合有志于从事机器学习、人工智能技术开发的人员或爱好者，也可作为相关专业的教材。

图书在版编目（CIP）数据

人工智能开发语言：Python/潘风文，潘启儒著．—北京：化学工业出版社，2019.1（2020.1重印）
（人工智能开发丛书）
ISBN 978-7-122-33297-4

Ⅰ．①人…　Ⅱ．①潘…②潘…　Ⅲ．①软件工具－程序设计
Ⅳ．①TP311.561

中国版本图书馆CIP数据核字（2018）第258396号

责任编辑：潘新文　　　　　　　　　　　　装帧设计：韩　飞
责任校对：王素芹

出版发行：化学工业出版社（北京市东城区青年湖南街13号　邮政编码100011）
印　　装：北京缤索印刷有限公司
787mm×1092mm　1/16　印张19　字数468千字　2020年1月北京第1版第2次印刷

购书咨询：010-64518888　　　　　　　　　售后服务：010-64518899
网　　址：http://www.cip.com.cn
凡购买本书，如有缺损质量问题，本社销售中心负责调换。

定　　价：78.00元

人工智能（AI）是一种基于计算机技术的"智能+"应用，应用范围广泛，从机器定理证明、机器翻译、专家系统、博弈、模式识别、机器学习、机器人智能控制，到目前的大数据智能、互联网群体智能、跨媒体推理智能、人机一体化混合增强智能、自主机器人智能系统等，已经渗透到人类社会的各个方面。

亚马逊首席执行官贝索斯（Jeff Bezos）说："AI在未来20年对社会产生的影响之大怎么评估都不为过。"谷歌首席执行官桑达尔·皮查伊（Sundar Pichai）也曾说过："过去10年我们一直在做一件事，那就是打造移动优先的世界，而在接下来的10年时间里，我们将转到一个AI优先的世界。"从亚马逊到Facebook，再到谷歌和微软，以及国内的百度、阿里和腾讯等，全球最顶尖、最有影响力的技术公司都纷纷将目光转向了AI。中国工程院院士潘云鹤先生在2017中科曙光智能峰会上，对人工智能产业的发展前景做了以下描述：新一代人工智能的新理论、新技术、新平台，如果跟社会的新需求相结合，会有强大的延展性和渗透性。

人工智能作为目前最热门的计算机技术，要掌握其应用开发，就必须选择好的开发工具。而大数据、机器学习、人工智能的兴起，把Python语言推到了时代的前沿，在众多机构推出的计算机开发语言排名中，Python始终在前三名，特别是在人工智能开发领域，Python成为首选语言，因此它被称为开发人工智能应用的"殿堂级"语言。

Python创始于20世纪90年代，由荷兰人Guido van Rossum（吉多·范·罗苏姆）于1991年推出。Python语言具有简单而不失严谨、易用而不失专业的特点。目前支持Python的机器学习框架非常丰富，包括Scikit-Learn、Keras、Statsmodels、PyMC、Shogun、Gensim、Orange、PyMVPA、Theano、PyLearn、Decaf、Nolearn、OverFeat、Hebel、Neurolab等，另外谷歌著名的TensoFlow也有Python库，可以供Python开发者直接调用，充分发挥TensorFlow的威力。

本书尽量采用通俗易懂的语言，从Python语言的基础语法到使用方式等进行深入浅出的讲解，书中结合作者多年项目实践案例，提供了很多经过优化筛选的实例代码，旨在引领读者快速掌握基本开发技能，这些代码都经过了作者精心严格调试测试，读者可一享为快。如果读者在阅读本书中有什么问题和需要，可直接联系QQ：420165499。

本书共分10章，各章主要内容如下。

第1章介绍人工智能概念、Python语言和人工智能的关系。

第2章内容包括Python语言概述、Python系统安装和集成开发环境。

第3章是Python的重点内容，包括Python程序文件结构、语法、数据类型、运算符以及控制语句和函数等；对编写函数过程中容易出现的错误和异常处理，以及体现Python"胶水语言"特点的特征模块，本章也都进行了详细讲解。学完这一章，读者可以自行编写一些简单的程序。

第4章介绍如何保存数据文件以及组织文件的目录。

第5章介绍面向对象的编程，Python语言起源于C/C++，天然具备面向对象编程的基因，本章重点讲解类的封装、继承和多态实现方法，使读者能尽快编写出自己的类实现，为后面的常用类库、数据库编程做铺垫。

第6章对Python内置的14个常用库进行了介绍，这些库在编程中会频繁使用到。

第7章讲解数据库编程，众多的数据库厂商或第三方机构为各种各样的数据库提供了访问模块，这些模块都遵从Python DataBase API规范，使得对不同数据库的访问具有一致性，大大提高了开发效率。

第8章重点介绍机器学习中常用的4个模块：NumPy、Pandas、SciPy、Matplotlib。

第9章在第8章的基础上详细介绍机器学习模块Sklearn，Sklearn和第8章中介绍的4个模块组合在一起，是利用Python语言开发人工智能应用的黄金组合。

第10章介绍关于Python系统第三方模块管理工具pip，讲解如何将开发完成后的Python程序打包，供最终用户安装使用。

本书适合有志于从事机器学习、人工智能技术开发的人员学习，也可作为相关专业教材。由于编写时间仓促，加之水平所限，书中难免有缺陷存在，敬请广大读者批评指正。

潘风文　潘启儒

2018年12月

4　文件和目录 　　142

1 引论

1.1 人工智能的发展历史

人工智能（Artificial Intelligence，AI）技术是当前最热门的计算机技术之一。人工智能的基本含义是使机器（计算机）能像人类一样具有推理、分析和规划的能力，成为人类大脑的延伸和扩展，代替人类完成某些智慧性活动，例如自然语言处理、数据挖掘学习、医学诊断等等。人工智能之父John McCarthy教授对人工智能是这样解释的：It is the science and engineering of making intelligent machines, especially intelligent computer programs（它是制造智能机，尤其是智能计算机程序的科学工程）。

亚马逊首席执行官贝索斯（Jeff Bezos）说："AI在未来20年对社会产生的影响之大怎么评估都不为过"；谷歌首席执行官桑达尔·皮查伊（Sundar Pichai）也曾说过："过去10年我们一直在做一件事，那就是打造移动优先的世界，而在接下来的10年时间里，我们将转到一个AI优先的世界。"从亚马逊到Facebook，再到谷歌、微软，以及国内的百度、阿里、腾讯等全球有影响力的顶尖技术公司，都纷纷将目光转向了人工智能。可以说，我们即将迎来一个全新的AI时代！

从1956年"人工智能"一词被首次提出，在长达三十多年的时间里一直没有取得显著进展，直到35年后的1990年，随着"机器学习（Machine Learning）"技术热潮的出现，它才跨上了一个新的台阶。

1956年，John McCarthy（1971年度图灵奖获得者）、Marvin Lee Minsky（Lisp语言发明者，1969年度图灵奖获得者，虚拟现实的最早倡导者）、Claude Elwood Shannon（信息论主要创始人）、Nathaniel Rochester（IBM第一代通用计算机701主设计师）组织发起Dartmouth夏季研讨会，经费由洛克菲勒基金会资助。会议的原始提案是想通过十来个人的共同努力，在两个月左右的时间里设计出一台具有真正智能的机器，该机器能模拟人类思维，具有概念抽象和理解能力。提案中写道："我们认为，如果一个精心挑选的科学家团队努力工作一个夏天，那我们就能取得重大进展。"虽然当时John McCarthy在下棋程序的α-β搜索法上已取得一定成功，参会者H. A. Simon和A. Newell（两人都是1975年图灵奖获得者）也在机器定理证明方面取得很大进展，Marvin Lee Minsky也带来了Snarc学习机雏形（Snarc是世界上第一个神经网络模拟器，主要学习如何通过迷宫），然而事实证明此后他们在这项研究上所花的时间远比想象中的要多得多，因为当时的AI只是通过基于规则的程序在某些特定情境中体现出基本的"智能"，不足以应对各种复杂问题。解决现实世界中的实际问题所需的算法实在是太复杂，很难由人工编程的方式实现。但这次会议首次提出了"Artificial Intelligence"（人工智能，AI）这一名称，因此被认为是人工智能研究走上正轨的标志，也被视为AI作为一门崭新学科诞生的标志，具有里程碑意义。

1968年，美国斯坦福大学研制成功智能机器人Shakey，它带有视觉传感器，能根据程序指令发现并抓取积木，完成特定动作，可以算是世界第一台智能机器人，只是其控制器过于巨大。同一年，麻省理工学院博士Terry Winograd在美国数字设备公司的PDP-6计算机和图形终端上，利用Plannner语言和ISP语言开发出自然语言理解程序SHRDLU，对人工智能的发展起到了一定的推动作用。

20世纪70年代至80年代，人工智能研究陷入停滞不前的状态，人们对人工智能的热情锐减，项目投资减少，研究资金面临不足的局面，甚至 Roger Schank 和 Marvin Lee Minsky 在 1984 年美国人工智能协会（AAAI，The Association for the Advance of Artificial Intelligence）年度会议上，警告即将到来 "AI Winter"（人工智能寒冬），认为 AI 泡沫即将爆发。

到了 1988 年，人工智能的发展开始出现转机。这一年，IBM T.J. Watson Research Center 发表文章 *A Statistical Approach to Language Translation*，提出以已知案例数据分析为基础而不是基于现有规则进行语言翻译的方法，并开发出相应的机器翻译系统 Candide，实现了英语和法语之间的翻译；同年，Rollo Carpenter 开发出聊天机器人 Jabber Wacky，它模仿人们搞笑和幽默的聊天方式与人进行对话；与此同时，Judea Pearl 发表了论文 *Probabilistic Reasoning in Intelligent Systems*，创立了在不确定性条件下处理信息的计算模型以及用于这些模型推理的主要算法，对人工智能的发展起到了推波助澜的作用。

1997 年，IBM 研制的 "深蓝" 计算机战胜世界国际象棋冠军，标志着人工智能的发展产生质的飞跃。此后一系列研究成果不断涌现。

2016 年 1 月，谷歌人工智能机器人 Alpha Go 以 5：0 完胜欧洲围棋冠军樊麾。

2016 年 3 月，李世石以 1：4 比分落败于 Alpha Go。

2016 年 12 月 29 日到 2017 年 1 月 4 日，Alpha Go 依次对战数十位围棋顶尖高手，取得 60 胜 0 负的战绩。

2017 年 5 月 23 日至 5 月 27 日，世界冠军柯洁与谷歌 Alpha Go 大战三个回合，最终柯洁以 0：3 完败。

高盛集团在机器学习、人工智能方面的研发也投入了巨额的资金。目前高盛拥有的程序员和工程师在数量上远远超过了 Facebook、Twitter、LinkedIn 等高科技公司。2014 年，高盛与谷歌联合部署了一款由 AI 驱动的大数据智能分析处理引擎 "Kensho"（肯硕），Kensho 拥有自然语言的处理能力，能与人进行实际对话。

摩根大通集团也有 4 万名技术人员专门研究大数据、机器人和云基础设施，其研发的用于股票交易的人工智能系统 LOXM 早就投入应用。2017 年摩根大通的技术预算达 96 亿美元，占其总收入的 9%。

在中国，人工智能的发展目前也如火如荼。百度的语音识别、图像识别等人工智能技术已经投入实际应用，人工智能技术已经深入无人驾驶、机器人客服、医疗大脑等诸多领域。

人工智能当前成为国际竞争的新焦点，世界主要发达国家把发展人工智能作为提升国家竞争力、维护国家安全的重大战略。为抢抓人工智能发展的重大战略机遇，构筑我国人工智能发展的先发优势，加快建设创新型国家和世界科技强国，我国加紧出台规划和政策。2017 年 7 月发布了《新一代人工智能发展规划》，对人工智能的发展做了这样的概述："人工智能发展进入新阶段。经过 60 多年的演进，特别是在移动互联网、大数据、超级计算、传感网、脑科学等新理论、新技术以及经济社会发展强烈需求的共同驱动下，人工智能加速发展，呈现出深度学习、跨界融合、人机协同、群智开放、自主操控等新特征。大数据驱动知识学习、跨媒体协同处理、人机协同增强智能、群体集成智能、自主智能系统成为人工智能的发展重点，受脑科学研究成果启发的类脑智能蓄势待发，芯片化硬件化平台化趋势更加明显，人工智能发展进入新阶段。当前，新一代人工智能相关学科发展、理论建模、技术创新、软硬件升级等整体推进，正在引发链式突破，推动经济社会各领域从数字化、网络化向智能化加速跃升。"

1.2 人工智能的应用

人工智能系统有能力解决极其复杂的问题，因此可以应用到社会的几乎所有领域，例如健康、教育、商业、交通、金融、公用事业等。目前人工智能在各行各业的应用越来越丰富，也越来越成熟，无时无刻不在改变着人类生活的每个方面，每位读者都可以从自己身边感受到这一点，这里就不浪费笔墨——列举了。总体来说，人工智能的应用领域可按外在智能化特征粗略分成以下几方面，各个部分可能会有交叉重叠。

① 逻辑推理应用，包括法律评估、金融资产管理、金融应用处理、游戏、自主武器系统等领域。

② 人类经验及知识运用，包括医学诊断、药品研发、媒体推荐、购买预测、金融市场交易、欺诈检测等。

③ 设置并实现特定目标，包括物流调度、导航、网络优化、需求预测、库存管理等。

④ 书面和口头表达沟通，包括语音控制、智能代理、智能客户支持、实时翻译、文字实时转录等。

⑤ 视觉感应推断，包括无人驾驶、医学诊断、安防监控等。

今天，Alpha Go 已经打败了世界围棋领域中最厉害的那一批人，也"改变"了很多行业的发展趋势，这让很多人开始担忧人工智能未来的发展会不会威胁到人类本身。不知各位读者的见解如何。

1.3 Python和人工智能

要想认识Python和人工智能之间的关系，首先要明确人工智能和机器学习及深度学习之间的关系。图1-1从时间角度展示了三者之间的关系。

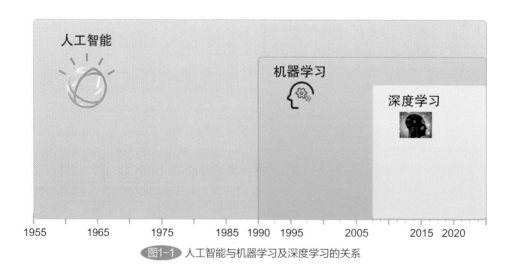

图1-1 人工智能与机器学习及深度学习的关系

从图1-1可以看出，人工智能最早出现；而机器学习（Machine Learning）是1990年前后兴起的，它主要使用归纳、综合法，即主要基于数据，寻找数据内在规律，并把这个内在规律应用到业务上，通过让机器模拟人类的学习行为，使其获取新的知识或技能，并可以通过重新组织已有的知识结构，不断改善自身的性能。机器学习可以说是当前人工智能的核心，也是使计算机具有人类智能的根本途径。

深度学习的概念由Hinton等人于2006年提出，是机器学习研究中的一个新的领域，它源于人工神经网络的研究，目的在于建立模拟人脑进行分析学习的神经网络，例如模仿人脑的机制来解释图像、声音、文本等数据。深度学习通过组合低层特征，形成更加抽象的高层表示，以发现数据的分布式特征。

综上所述，机器学习，包括深度学习，是实现人工智能应用的必由之路。而机器学习的实现是依靠算法来完成的，可用于机器学习算法的语言有很多，其中Python、java、C/C++、JavaScript、R排在前五名，而Python高居榜首。

Python语言具有简单而不失严谨、易用而不失专业的特点，是开发人工智能应用的首选语言。目前支持Python的机器学习框架众多，包括Scikit-Learn（sklearn）、keras、Statsmodels、PyMC、Shogun、Gensim、Orange、PyMVPA、Theano、PyLearn、Decaf、Nolearn、OverFeat、Hebel、Neurolab等，另外谷歌的TensoFlow也有Python库，可以供Python开发者直接调用，充分发挥TensorFlow的威力。

2 Python 基本知识

其实Python已经诞生快30年了，只是最近几年才开始流行，因此可以说它是一种较"老"的语言。Python是开源的，可用于人工智能应用（sklearn、PyLearn、Nolearn等）、统计计算（NumPy、SciPy、Pandas等库）、网站开发（利用 Django、Flask 等框架）、软件开发等。

2.1　Python概述

2.1.1　Python的发展史

Python语言的创始人为吉多·范·罗苏姆（Guido van Rossum）(图2-1)，荷兰人，1982年获得阿姆斯特丹大学数学和计算机科学硕士学位，并于同年加入一个多媒体组织CWI（Centrum Wiskunde & Informatica），成为一名调研员。

1989年，Guido 为了打发圣诞节的无趣，决心开发一个新的脚本解释程序，创造一种介于C和shell之间、功能全面、易学易用、可拓展的语言。最后他将这个语言起名为Python，因为他喜欢电视剧 *Monty Python's Flying Circus*。

1991年，Python的第一个公开版本发布，它采用C语言实现，能够调用C语言的库文件，包含表、字典等核心数据类型，并具有类、函数、异常处理等的算法，采用基于模块的可扩展系统架构。

图2-1　吉多·范·罗苏姆（Guido van Rossum）

经过近30年的发展，Python目前已进化到3.6.5版本。其应用范围之广，影响之深远，恐怕连 Guido van Rossum 自己也没有想到。各版本推出时间如下：

➤ Python 0.9.0——1991年9月；
➤ Python 1.0——1994年1月（增加了lambda、map、filter和reduce）；
➤ Python 2.0——2000年10月（加入了内存回收机制，构成了现代Python语言框架的基础）；
➤ Python 2.4——2004年12月（同年WEB框架Django诞生）；
➤ Python 2.5——2006年9月；
➤ Python 2.6——2008年10月；
➤ Python 2.7——2010年7月；
➤ Python 3.0——2008年12月；
➤ Python 3.1——2009年6月；
➤ Python 3.2——2011年2月；
➤ Python 3.3——2012年9月；
➤ Python 3.4——2014年3月；
➤ Python 3.5——2015年9月；

➤ Python 3.6——2016年12月；
➤ Python 3.7.0——2018年6月。

本书主要基于版本3.6讲解，它是目前应用最广泛的版本。由于Python 3.X版本不再向后兼容，所以建议读者采用3.6及以后的版本。

2.1.2　Python应用领域

作为一门优秀的编程语言，Python的应用领域非常广泛，可在如下领域大显身手。

① 数据分析，这是Python的主要应用领域之一。2016年2月，美国科学家根据对过去三十年观测数据的分析，发现了引力波，所采用的数据分析工具就是Python包GWPY。

② 云计算，如使用Python开发的OpenStack。

③ WEB开发，包括众多优秀的WEB框架，例如Django、flask、tornado等。

④ 科学计算，人工智能开发，典型模块如NumPy、SciPy、Matplotlib、Enthought Librarys、Pandas等。

⑤ 系统运维，例如运维人员必备的SaltStack（系统自动化配置和管理工具）、Ansible（自动化运维工具）等。

⑥ 图形开发，工具有easyGUI、wxPython、PyQT、TKinter等。

目前，Google、NASA、Dropbox、Red Hat、YouTube、Facebook等公司都在大力使用Python作为应用开发语言，国内搜狐、金山、腾讯、盛大、网易、百度、阿里、淘宝、土豆、新浪、果壳等公司都在使用Python完成各种各样的任务。

读者可以在网站https://www.python.org/about/success/上获取更多关于Python的信息。

2.1.3　Python的优缺点

任何一种编程语言都有其优缺点，Python也不例外。作为一门优秀的编程语言，Python主要有以下优点。

① 优雅、明确、简单，Python程序看上去简单易懂，初学者不但入门容易，而且还容易深入进去编写非常复杂的程序。

② 开发效率高。Python的标准库庞大，可以帮助开发者处理诸如正则表达式、文档生成、单元测试、线程、数据库、网页浏览器、CGI、FTP、电子邮件、XML、XML-RPC、HTML、WAV文件、密码系统、GUI（图形用户界面）、Tk等；除了标准库，还有许多其它高质量库，如wxPython、Twisted、Scikit-Learn、Statsmodels、PyMC、Nolearn等，应有尽有，开发者可直接下载调用，或在基础库的基础上再度进行开发，可大大降低开发周期，避免重复造轮子。这点类似于R语言。

③ Python属于高级语言，编程时无需考虑怎样管理程序使用的内存等底层细节。

④ 可移植性强。由于它的开源本质，Python可被安装在大多数平台上。如果不使用那些依赖于具体系统的功能，Python程序无需修改就可以在几乎所有平台上运行，包括Linux/Unix、Windows、FreeBSD、Macintosh、Solaris、OS/2、Amiga、AROS、AS/400、BeOS、OS/390、z/OS、Palm OS、QNX、VMS、Psion、Acom RISC OS、VxWorks、PlayStation、

Sharp Zaurus、Windows CE，甚至还有PocketPC、Symbian以及Google基于linux开发的Android平台。

⑤ 极强的可扩展性。如果希望某段代码运行得更快或者某些算法不公开，可以把这部分代码用C或C++编写，然后在Python程序中使用。

⑥ 灵活的可嵌入性。可以把Python嵌入C/C++程序，从而向最终用户提供脚本功能。

⑦ 免费、开源。Python是FLOSS（自由/开放源码软件）之一，使用者可以自由发布这个软件的拷贝、阅读它的源代码、对它做改动、把它的一部分用于新的自由软件中。

⑧ 面向对象的编程。Python既支持面向过程的编程，也支持面向对象的编程。与C++和Java相比，Python的面向对象编程更简洁而强大。

⑨ 代码具有极佳的可读性，Python采用强制缩进的方式，使代码具有良好规范，带来了极佳的可读性。

Python也有缺点：一是代码不能加密，因为Python是解释性语言，源码一般都以明文形式存放，如果必须加密，可以先进行编译，进行pyc处理后再加密，类似于Java的class文件；二是相对C/C++而言，性能弱一些。当然，Java、R等语言和C/C++相比，性能也都不如C/C++。

以上两个缺点对于从事应用级别程序开发的人员都不是什么问题，所以Python在众多开发语言中的地位越来越突出，受到越来越多的青睐，而且Python语言考试也被纳入2018年全国计算机等级考试大纲。

2.1.4 Python 解释器

Python是一门跨平台的动态解释性脚本语言，其程序由解释器来翻译（解释）运行。Python的解释器很多，常用的有以下几种。

1）Cpython

Cpython是Python官方版本的内置解释器，采用C实现，使用最为广泛。Cpython将源代码程序（py文件）转换成字节码文件（pyc文件），然后在Python虚拟机运行上，见图2-2。本书后续内容主要基于Cpython解释器讲解。

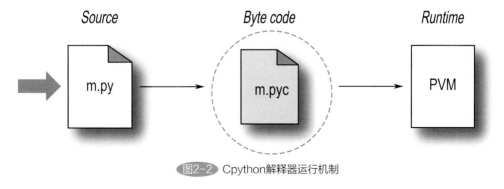

图2-2 Cpython解释器运行机制

2）Jython

采用Java实现，Jython将Python代码动态编译成Java字节码，然后在JVM上运行。

3）IronPython

采用C#实现，IronPython将Python代码编译成C#字节码，然后在公共语言运行库CLR（Common Language Runtime）上运行。也就是把Python程序编译成.net程序来执行。

4）PyPy

采用Python实现。PyPy将Python的字节码再编译成机器码，大大加快Python程序的运行速度。

还有一些其它解释器，例如RubyPython、Brython 等，在此不一一介绍，有兴趣的读者可在网上查阅。

如果要和Java或.Net平台交互，最好的办法是通过网络调用实现，保持各程序之间独立，而不采用Jython或IronPython。

提 醒

当在一个py文件中调用另外一个py文件时，只有被调用的py文件才会被编译成pyc文件，并保存同一目录下的"__pycache__"文件夹内；下次再调用这个py文件时，Python会自动检查它和它的pyc文件的时间戳是否一致，如果这个py文件没有被修改过，则时间戳一致，就跳过编译步骤直接加载pyc文件；如果这个py文件被修改过，则时间戳不一致，它会被重新编译，生成新的pyc文件，覆盖原来的pyc文件。

为便于理解，以图2-3所示主程序对模块的引用为例来说明，图中模块model_0.py被主程序model_main.py导入，会生成字节码文件model_0.cpython-36.pyc，文件名称中的"cpython-36"表示用的解释器是Cpython，当前Python的版本号为3.6。而主程序model_main.py不会被生成pyc文件。

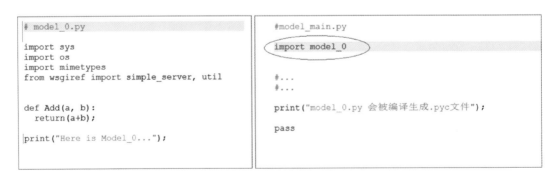

图2-3 Python主程序对模块的引用

2.2 Python安装和卸载

Python能够安装在大多数平台上，考虑到多数读者使用Windows平台，所以仅介绍下Windows 7环境中Python的安装和卸载。

2.2.1 Python的下载

Python是开源软件，遵循 GPL（GNU General Public License）协议，所以我们可从Python官网自由下载安装。考虑到兼容性，建议大家安装3.0以后的版本。图2-4所示为Python官网下载页面，图中的页面显示Python当前最新版本是3.6.5，在页面下方有各个版本的下载链接，可以直接选择相应的版本下载。

假如需要下载64位的版本，在图2-4所示下载页面中单击红色矩形框内的"Python 3.6.5"或"Download"，进入图2-5所示页面，在这个页面中包含有各种平台下 Python 3.6.5的32位/64位版本下载链接。

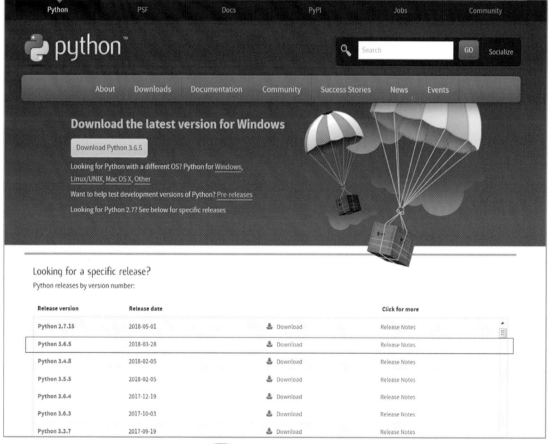

图2-4 Python官网下载页面

Python 3.6.5

Release Date: 2018-03-28

Python 3.6.5 is the fifth maintenance release of Python 3.6. The Python 3.6 series contains many new features and optimizations.

Among the new major new features in Python 3.6 are:

- PEP 498, Literal String Formatting

  ... ...

Full Changelog

Files

Version	Operating System	Description	MD5 Sum	File Size	GPG
Gzipped source tarball	Source release		ab25d24b1f8cc4990ade979f6dc37883	22994617	SIG
XZ compressed source tarball	Source release		9f49654a4d6f733ff3284ab9d227e9fd	17049912	SIG
macOS 64-bit/32-bit installer	Mac OS X	for Mac OS X 10.6 and later	bf319337bc68b52fc7d227dca5b6f2f6	28093627	SIG
macOS 64-bit installer	Mac OS X	for OS X 10.9 and later	37d891988b6aeedd7f03a70171a8420d	26987706	SIG
Windows help file	Windows		be70202d483c0b7291a666ec66539784	8065193	SIG
Windows x86-64 embeddable zip file	Windows	for AMD64/EM64T/x64	04cc4f6f6a14ba74f6ae1a8b685ec471	7190516	SIG
Windows x86-64 executable installer	Windows	for AMD64/EM64T/x64	9e96c934f5d16399f860812b4ac7002b	31776112	SIG
Windows x86-64 web-based installer	Windows	for AMD64/EM64T/x64	640736a3894022d30f7babff77391d6b	1320112	SIG
Windows x86 embeddable zip file	Windows		b0b099a4fa479fb37880c15f2b2f4f34	6429369	SIG
Windows x86 executable installer	Windows		2bb6ad2ecca6088171ef923bca483f02	30735232	SIG
Windows x86 web-based installer	Windows		596667cb91a9fb20e6f4f153f3a213a5	1294096	SIG

图2-5 选择合适的Python版本下载

单击图2-5所示页面红色矩形框里的"Windows x86-64 executable installer",在弹出窗口中单击"保存"按钮,即可下载python-3.6.5-amd64.exe(30.3M)。你可以把它存放在自己选择的目录下。

本书针对64位Python进行讲解。当然,32位的Python和64位的Python在语法上是完全一致的。

2.2.2 Python的安装

Windows平台下Python的安装非常容易。

首先双击下载的python-3.6.5-amd64.exe程序图标,出现图2-6所示安装初始界面。这里选择"Customize installation"安装方式,以便我们自己选择安装位置和特征选项;勾选

"Add Python 3.6 to PATH"选项，使Python安装目录自动添加到系统PATH环境变量中，从而在任何目录下都可以运行Python。

图2-6 Python安装初始界面

单击"Customize installation"，进入图2-7所示安装选项界面。

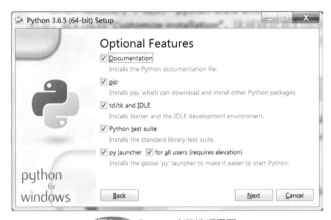

图2-7 Python安装选项界面

保留所有默认设置，直接单击"Next"按钮，进入图2-8所示安装高级选项界面。

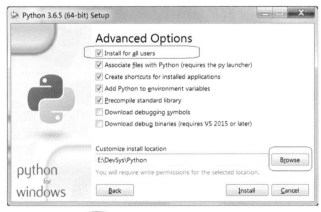

图2-8 Python安装高级选项界面

勾选"Install for all users",使系统所有用户都能使用 Python;单击"Browse"按钮,自己选择 Python 安装目录,例如作者安装在 E:\DevSys\Python 目录下。

单击"Install"按钮,开始安装 Python。当出现图 2-9 所示画面时,表示 Python 安装成功。

安装成功后,安装程序会自动在系统环境变量 PATH 中添加"E:\DevSys\python\Scripts\;E:\DevSys\python\"。这样就可以在任何目录下直接调用 Python 了;同时在 Windows"开始"菜单的"所有程序"列表中会出现图 2-10 所示项目。

图2-9 Python安装成功界面

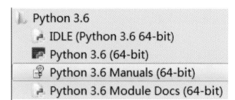

图2-10 Windows"开始"菜单
中Python 3.6下的项目

其中,IDLE 是 Python 自带的一个轻量级的集成开发环境,"IDLE"是 Integrated Development and Learning Environment 的缩写。Python 3.6 是运行引擎,开发者编写的源代码程序都通过这个引擎来运行。其他两个是 Python 安装程序自带的说明文档。

单击 Windows"开始"菜单,在下方的空白搜索框内输入"cmd.exe",回车,进入 Windows 控制台模式(命令行模式),输入 python 或 py,如果出现图 2-11 所示画面,说明 Python 已经安装成功。

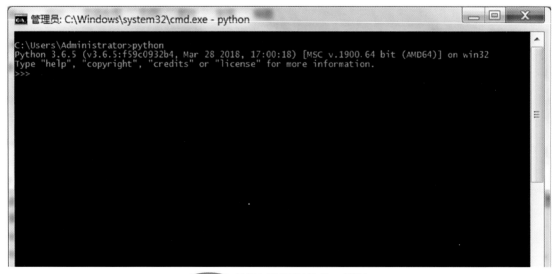

图2-11 控制台模式下的Python界面

接下来输入一行代码体验一下Python，例如输入代码：print（"Hello, World"），回车，看看会出现什么结果；通过图2-12可以发现，屏幕上成功打印出一行字："Hello, World"。

至此，Python安装测试成功完成。

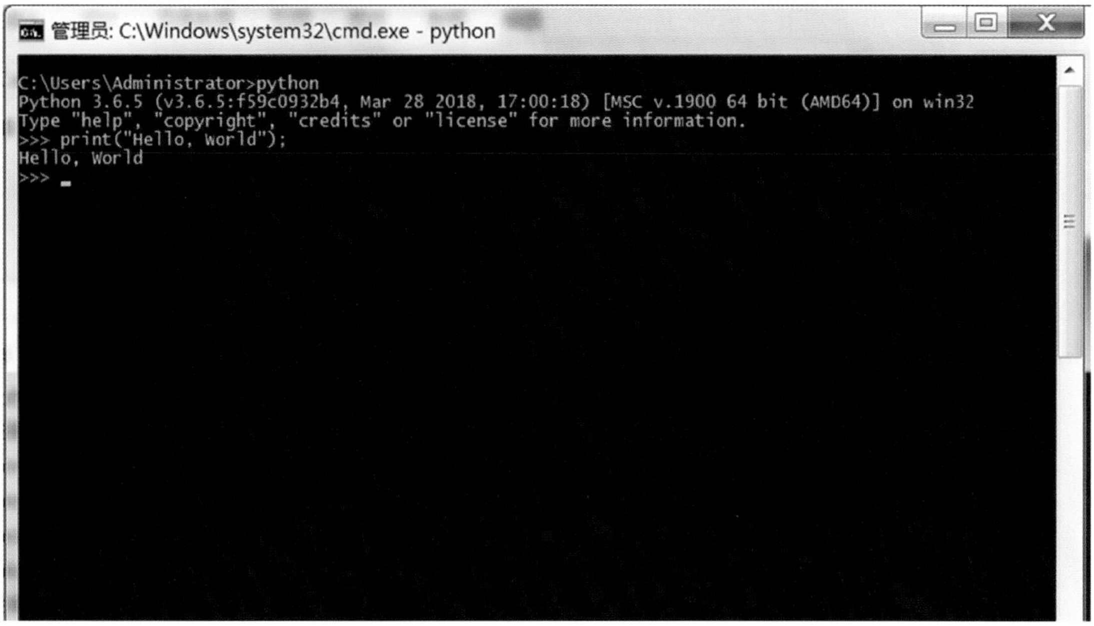

图2-12　屏幕上打印出"Hello, World"

2.2.3　Python的卸载

Python 3.6版本的卸载非常简单，除了通过系统控制面板中的"卸载程序"卸载，还可以双击安装程序python-3.6.5-amd64.exe图标，这时会自动弹出图2-13所示卸载界面，单击界面下方的"Uninstall"，就可以卸载Python了。

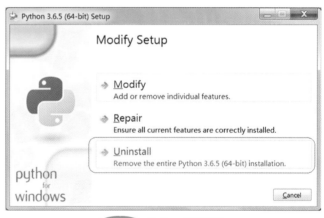

图2-13　Python卸载界面

2.3　Python开发环境

选择一个适合自己的IDE环境，能够大大提高程序学习的效率和乐趣！

Python安装程序自带的开发环境是IDLE，但是总体来说，IDLE使用起来还是不够方便，不够智能。Python的其他开发环境不下10种，比如PyDev（结合Eclipse一起使用）、

PyCharm、Spyder、PythonWin、Ulipad、PyScripter、ipython、bpython、PyPE、Eric、SPE、WingIDE（商用）等。像UltraEdit、NotePad等这些文本编辑器也可以作为Python的开发环境。

Eclipse是流行的Java、C、C++等语言的开发环境，同时是开源的，学习门槛低；而PyDev具有优秀的Python代码编辑功能，作为Eclipse的插件，PyDev安装后便可继承Eclipse丰富的编辑功能，编辑出可读性很强的Python源代码程序，而且调试方便，所以本书采用PyDev+Eclipse作为开发运行环境。

2.3.1　PyDev的安装

因为PyDev是作为Eclipse的插件来发挥作用的，所以安装之前必须先安装好Java SDK以及Eclipse，Java SDK是Eclipse运行所需要的环境。Java SDK和Eclipse的安装这里略过。

提醒

安装PyDev 6.3及更新的版本至少需要Java 8以及Eclipse 4.6（Neon）。

PyDev可通过Eclipse Update Manager安装，或者将下载的PyDev插件解压，将其plugins和features目录下的文件分别复制到Eclipse的plugins和features目录下，重启Eclipse就可以了。这里介绍第一种安装方式。

首先在 Eclipse 菜单栏中找到 Help菜单，选择"Help">"Install New Software..."，如图2-14所示，单击"Install New Software"，弹出图2-15所示界面。

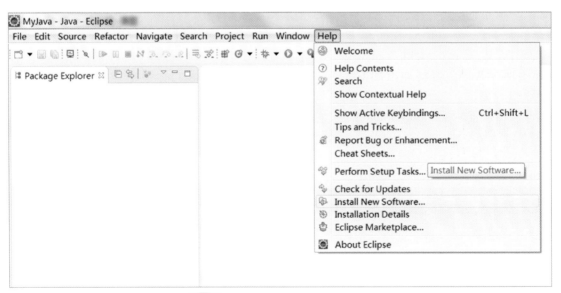

图2-14　Eclipse中安装新插件菜单界面

第二步，在"Work with"输入框中输入"http://www.pydev.org/updates"，回车，这将把最新版的PyDev安装到Eclipse中，勾选图2-15中红色矩形中的选项，单击"Next"按钮，进入下一步，会出现许可说明（License）界面，我们选择接受许可就可以了，然后Eclipse会自动下载PyDev插件并安装完毕。

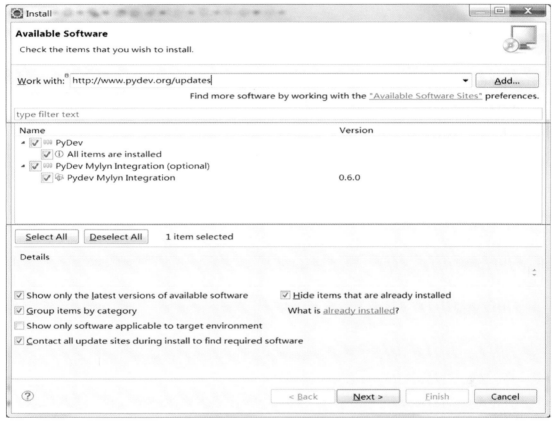

图2-15　Eclipse中安装新插件界面

最后会出现一个是否选择重启Eclipse的对话框，为了使PyDev起作用，我们选择重启Eclipse。

为了检验安装是否成功，我们可选择Eclipse菜单"Window"→"preferences"查看"PyDev"项是否出现，若出现，则证明PyDev已经正确安装完毕，见图2-16。

至此，我们已经成功地在Eclipse中安装了PyDev插件。在正常使用它之前，需要在Eclipse中对PyDev进行一些必要的配置，这将在下节中讲解。

当安装PyDev后，Eclipse窗口中会增添一种PyDev透视图（perspective）。透视图其实就是一种界面布局，不同的透视图包含不同的窗口（view），每个窗口包含菜单栏、工具栏、快捷方式栏等，以方便Python语言的编写、调试和运行。开发人员可以根据个人编程习惯定制透视图的外观和功能。

Eclipse中有各种透视图，可通过它的菜单"Window"→"Perspective"→"Open Perspective"→"Other..."查看并打开某一个透视图，见图2-17。

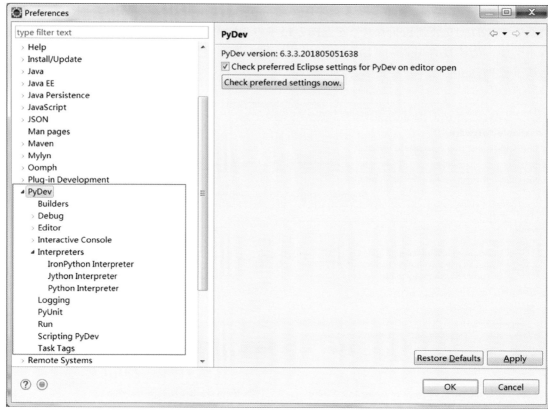

图2-16 在Eclipse中查看PyDev是否安装

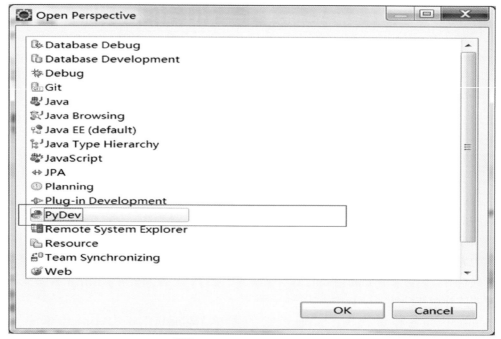

图2-17 Eclipse中的PyDev透视图

2.3.2 PyDev的配置

PyDev的配置比较简便，下面做简要介绍。

单击Eclipse菜单"Window"→"preferences"→"PyDev"→"Interpreters" 进入Python解释器的配置界面。单击"Python Interpreter"，进入图2-18所示界面。

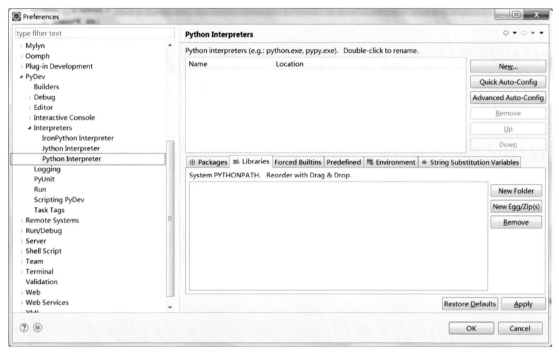

图2-18 Eclipse中的PyDev配置界面

在整个PyDev的配置中，较重要的是"Python Interpreter"的配置，其他配置都可以使用默认设置。可以通过单击配置界面中的"New..."按钮进行手动配置，也可以单击"Quick Auto-Config"按钮来尝试自动配置。图2-19所示是手动配置界面。

图2-19 Python Interpreters手动配置界面

在图2-19中，在"Interpreter Name"文本框中输入一个名字，作为本解释器的名称，如Python365；然后单击"Interpreter Executable"文本框右侧的"Browse..."按钮，选择已安装好的Python.exe的位置，例如图2-19中显示的Python.exe的安装位置为：E:\DevSys\python\python.exe。

建议初学者通过单击"Quick Auto-Config"按钮进行自动配置。

最后PyDev配置结果如图2-20所示。

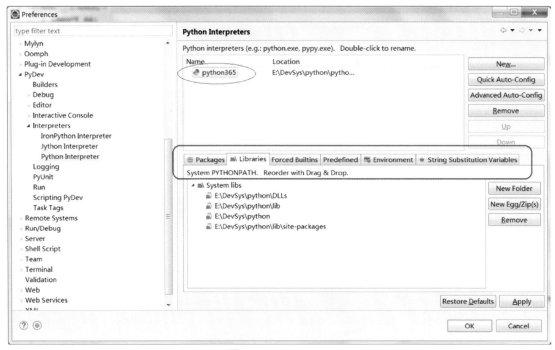

图2-20 PyDev配置结果

PyDev的配置完成后，可双击PyDev配置页面中"Name"标签下的"Python"，修改默认解释器的名称，这里我们将名称修改为Python365。

无论是手动配置还是自动配置，PyDev会自动填充"Packages""Libraries""Forced Builtins"等栏目中的信息，我们无需干预。

最后单击"Apply"按钮，使这些配置生效；再单击"OK"按钮，退出PyDev的配置界面。

2.3.3 PyDev创建工程

PyDev的使用是基于Eclipse这个宿主环境的，关于Eclipse的使用，这里不再赘述，读者可自行查阅资料。下面通过一个实例说明如何使用PyDev插件。

首先创建一个PyDev Project（PyDev工程），这个工程是个容器，用来容纳开发者编写的各个Python模块（Python源代码程序）。

单击菜单"File"→"New"→"Other..."，打开工程向导界面，见图2-21。

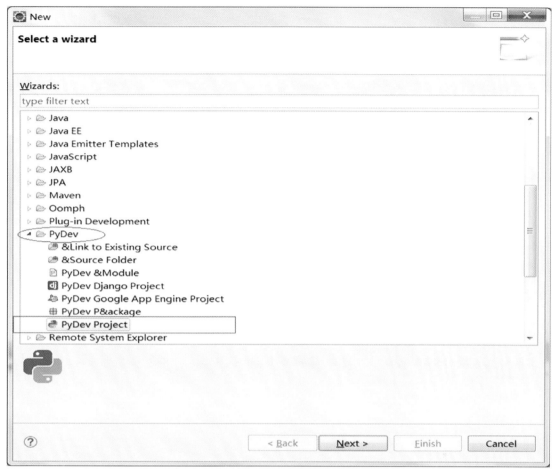

图2-21 PyDev工程向导界面

在工程向导界面中选择"PyDev"→"PyDev Project",创建新的PyDev工程,见图2-22。

这里我们将工程名称(Project name)设为Demo01,工程中的文件放在E:\Develop\MyPython目录(Directory)下。其他选项可以保留默认设置,暂时无需修改。

单击"Next"或"Finish"按钮,完成Demo01工程的创建。此时Demo01只是一个空白工程,里面还没有任何Python代码文件,其界面如图2-23所示。

现在我们在空白工程Demo01中创建一个Python源代码文件,这个源代码文件以.py为扩展名,可以被Python解释器翻译运行。

在图2-23中,右键单击工程名称"Demo01",在弹出菜单中选择"New"→"File",弹出创建新文件(New File)界面,如图2-24所示。

在图2-24中,单击选择Demo01文件夹的子文件夹src,这时上方的文本框里会出现"Demo01/src",表示创建的这个源代码文件的存放位置,然后给这个文件起个名称,在"File Name"文本框中输入,例如起名为"test01.py",最后单击"Finish"按钮,就完成了我们第一个Python源代码文件的创建,此时会出现图2-25所示的程序编辑界面。作为最简单的示例,在程序编辑区输入程序代码:print("Hello, World!"),然后单击上方红圈内的运行按钮,运行这个程序。

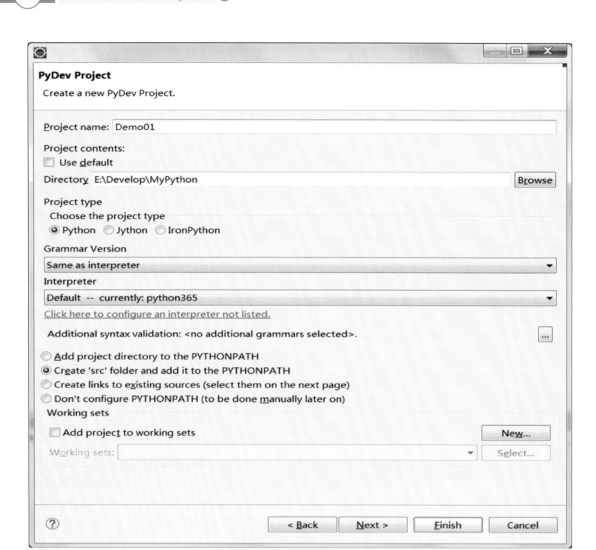

图2-22 创建新的PyDev工程

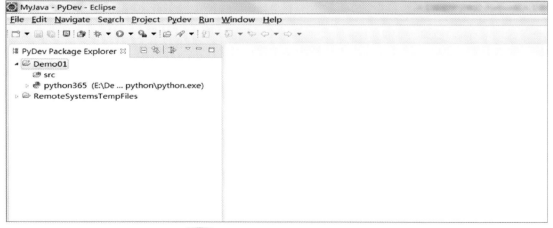

图2-23 PyDev下的Demo01工程界面

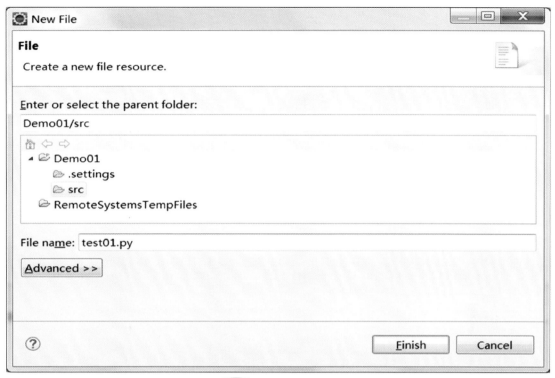

图2-24 创建新文件界面

图2-25 程序编辑界面

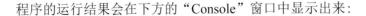

程序的运行结果会在下方的"Console"窗口中显示出来：

Hello, World!

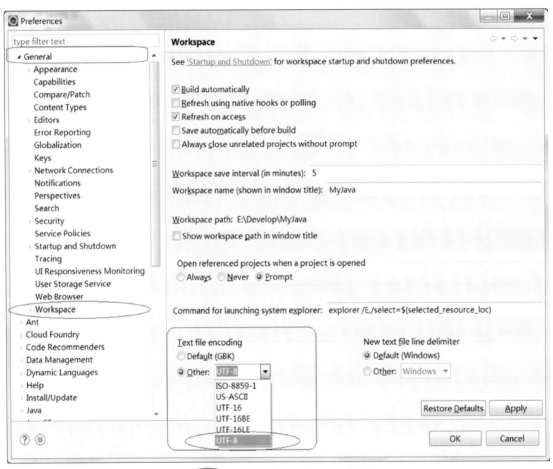

图2-26　Eclipse的Preferences界面

如果仅对当前工程设定一种编码格式，可以在左侧"PyDev Package Explorer"栏目中，右键单击工程名称，在弹出菜单中选择"Properties"，出现图2-27所示界面，选择"Resource"项，可看到当前工程文件编码设置，选择一种编码格式即可。

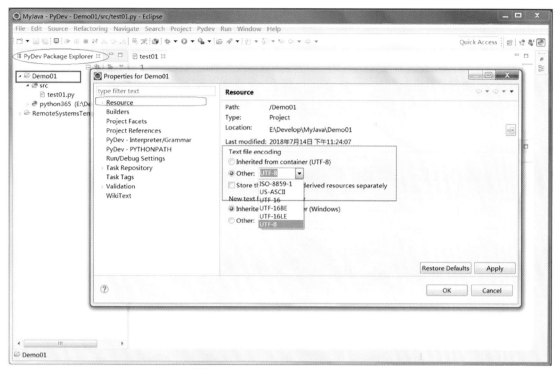

图2-27 PyDev工程的存储编码设置界面

2.3.4 PyDev调试代码

从循序渐进的角度看，现在讲述Python代码的调试似乎有点过早。但是考虑到PyDev创建工程、编写代码、调试代码是一个完整的流程，所以简单介绍一下PyDev代码调试，读者也可先略过本节，等学习了后面的章节，进行独立编程的时候再阅读。

由于PyDev是Eclipse的一个插件，所以如果熟悉Eclipse，会发现使用PyDev调试Python代码的方式与其他语言的代码调试基本一致，学起来相当方便。

设置断点往往是调试需要做的第一件事情。什么是断点？断点就是为了调试方便，在某行代码处设置一个信号，当程序执行到此处时，就会暂时挂起，并通知开发人员进行处理，这样开发人员就可以及时查看当前各个变量值，了解程序执行情况，以便判断代码的对错。也就是说，设置断点是调试的一种手段，是在程序运行过程中人为设定的临时中断。

以图2-28所示example.py程序代码为例，我们在第8行（if语句行）添加断点。

首先把光标移动到第8行，然后任选下面一种方法添加断点：

① 双击光标所在行的左侧竖栏；

② 通过Ctrl+F10键，在弹出的上下文菜单中选择"Add Breakpoint"；

③ 右键单击光标所在行左侧竖栏，在弹出的上下文菜单中选择"Add Breakpoint"；

④ 通过Ctrl+Shift+B键进行断点设置（采用这种方法，需要先设置一下：右键单击图2-28右上角箭头所指图标，在弹出菜单的"Action Set Availability"选项板里选中"Breakpoints"）。

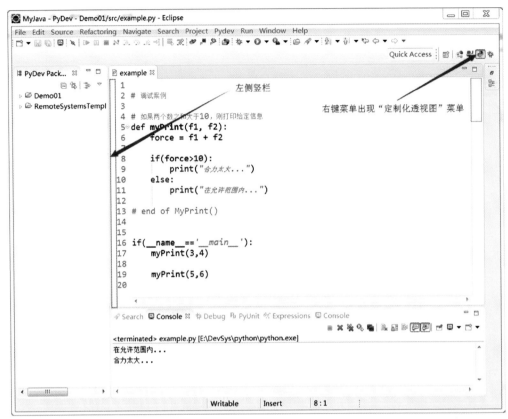

图2-28 example.py程序代码

设置好的断点如图2-29所示。

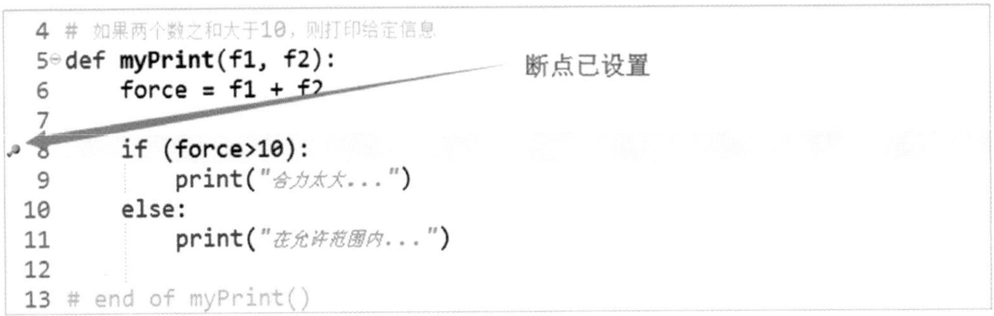

图2-29 在Python代码文件中设置的断点

取消断点的方法和上面添加操作一样。

接下来调试程序。可通过Shift+F9键进入调试程序流程；也可右键单击代码区，弹出上下文菜单，选择"Debug As"菜单项，进入调试流程，见图2-30红圈部分。

如果弹出一个对话框，询问是否切换到调试器透视图，单击"Yes"即可。进入调试流程后，程序开始执行，遇到第一个断点后停止运行，并醒目显示出断点所在行，见图2-31。

调试过程中，当鼠标移动到某个变量上时，会显示变量当前信息，如上图中变量f2的当前值为4。

```
 4 # 如果两个数之和大于10，则打印给定信息
 5 def myPrint(f1, f2):
 6     force = f1 + f2
 7
 8    if (force>10):
 9        print("合力大
10    else:
11        print("在允许
12
13 # end of myPrint()
14
15
16 if(__name__=='__mai
17    myPrint(3,4)
18
19    myPrint(5,6)
20
```

Undo Typing		Ctrl+Z
Revert File		
Save		Ctrl+S
Open With		▸
Show In		Alt+Shift+W ▸
Cut		Ctrl+X
Copy		Ctrl+C
Copy Context Qualified Name		
Paste		Ctrl+V
Quick Fix		Ctrl+1
Shift Right		
Shift Left		
Run As		▸
Debug As		▸
Profile As		▸
Validate		
PyDev		▸
Team		▸
Compare With		▸
Replace With		▸
Preferences...		
Remove from Context		Ctrl+Alt+Shift+Down
Refactoring		▸
Toggle force tabs		
Display		Ctrl+Shift+D
Watch		

1 Python Run
2 Python unit-test
Debug Configurations...

Console ✕ Debug PyUnit
<terminated> example.py [E:\DevS

图2-30 Python代码调试菜单

```
 1
 2 # 调试案例
 3
 4 # 如果两个数之和大于10，则打印给定信息
 5 def myPrint(f1, f2):
 6     force = f1 + f2
 7
 8    if (force>10)
 9        print("合
10    else:
11        print("在
12
```

int: 4

f2 Found at: example

f2

Console ✕ Debug PyUnit
example.py [debug] [E:\DevSys\python\python.exe]
pydev debugger: starting (pid: 7720)
>>> f1
3

显示输出信息

可以输入表达式执行。如变量等

>>> f1
[Current context]: File "E:\Develop\myPython\src\example.py", line 8, in myPrint
>>>

图2-31 Python代码调试界面

在调试模式中，使用快捷键可提高效率。常用的快捷键见表2-1。

表2-1 调试常用的快捷键

快捷键	功能
F5	单步跳入
F6	单步跳过
F7	单步返回
F8	重新开始
Ctrl+R	运行到光标所在行
Ctrl+Shift+B	设置或者取消一个断点

如果想通过表达式检查一下某些变量的当前运行状态，可以再添加一个观察视图（Watch），方法为：右键单击代码区，在弹出的上下文菜单中选"Watch"菜单项，就会出现观察视图，见图2-32。

单击"Add new expression"，可任意添加自己需要的表达式，回车后会直接执行表达式运算。

若想使一个断点成为"条件化断点"（即只有在满足某个条件时，程序运行到断点位置才会停止运行），可把光标移到断点所在行，通过Ctrl+F10键调出上下文菜单（也可通过右键单击断点调出），见图2-33；然后选择"Breakpoint Properties"菜单项，出现图2-34所示条件化断点设置窗口。

图2-32 Python代码调试的观察视图

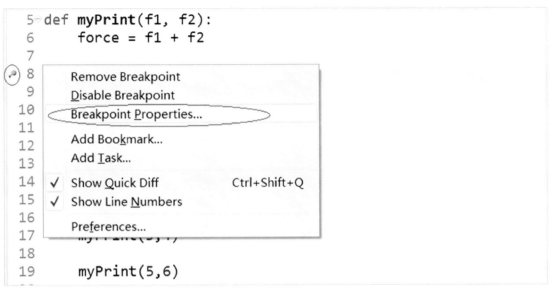

图2-33　Python代码调试的条件化断点设置菜单

在图2-34中勾选"Enable Condition"，然后添加你想设置的条件，例如本例添加的条件为$f1>4$。完成后单击"OK"按钮，再重新运行程序，此时这个断点只有在$f1>4$时才能被触发，否则程序不中断，继续运行下去。

在实际应用开发中，我们会用到Python包（Package）、模块（Model）等资源，Python工程会把这些资源和包整合到一起，形成一个能够实现完整业务功能的系统，我们将在后续章节深入讲解。

图2-34　Python代码调试的条件化断点设置窗口

3 Python 语言基础

本章先从 Python 源代码文件结构入手，然后介绍 Python 语言基础语法，一步一步进入 Python 语言的殿堂。阅读完本章后，你能够进行简单程序的编写调试，并能从中体会到 Python 语言的便捷、易用。

3.1 代码文件结构

一个初学者，在正式使用 Python 进行代码编写时，如果能够对 Python 文件结构有一个整体的清晰认识，知道什么是一个格式良好的源文件，那将对他以后编写规范的源代码非常有益。要知道，我们编写的源代码是整个项目应用系统的一部分，编写格式良好、可读性强的代码，无论对自己还是团队中其他开发者，都有重要意义。

首先我们来看一个完整的 Python 代码文件（model01.py）：

```
1.  #!E:\DevSys\python\python
2.  #encoding=utf8
3.
4.  """
5.  这个模块可以打印出指定年月的日历。
6.
7.  模块名称： model01.py
8.
9.  """
10.
11. # 引入日历模块
12. import calendar
13.
14.
15. #定义全局变量
16. g_iYear  = 2018
17. g_iMonth = 6
18. g_strMsg = "----------------------------"
19.
20.
21. #定义函数
22. def showCalendar():
```

```
23.    #定义局部变量
24.    strTip = "输出" + str(g_iYear) + "年" + str(g_iMonth) + "月的日历:"
25.
26.    cal = calendar.month(g_iYear, g_iMonth)
27.
28.    #输出信息
29.    print(strTip)
30.    print(g_strMsg)
31.    print(cal)
32.
33.
34. # main函数, 程序入口...
35. if __name__=="__main__" :
36.    showCalendar()
37.
```

这是一个打印2018年6月日历的小程序，虽然行数不多，但五脏俱全。下面一一解读它。

Python程序的第一行用来指定解释器，用"#!"这一特殊表示符开头（"#"和"!"之间没有空格，否则这一行就变成了普通注释行），后面紧跟着解释器所在的路径，如果不指定解释器，即这行空白，则Python采用默认的解释器。本例中指定了解释器，其路径为E:\DevSys\python\python。

第二行用来指定本源代码文件所采用的编码格式，目前大部分编辑器默认采用UTF-8编码格式。关于编码格式的指定方法，请参看3.2.1节。

第4行至第9行，是文档说明部分，用连续三个双引号开始，并用连续三个双引号结束；也可以用连续三个单引号开始，连续三个单引号结束。

注：虽然文档说明部分不是必需的，但强烈建议开发者在编写程序时予以重视，尤其是一些关键的地方，应当在文档说明部分给出清晰描述，不仅便于日后自己阅读，也会给团队中其他接手你的程序的人带来极大帮助。

第12行使用 import 语句导入一个Python模块。一个模块是一段已经编写好的可执行代码，可以是用Python语言编写的，也可以是用第三方语言（如C/C++等）编写的；在Python程序文件中，可以随时随地使用import语句来导入Python的内置函数模块。这里导入的calendar是一个内置函数模块。

第16～18行定义了三个全局变量。可以看出，Python在定义变量时无需声明变量类型，它会自动根据变量内容设定其类型。

第22～31行定义了无参数函数showCalendar()，函数没有返回值。

第35 ～ 36行中，__name__ 是一个标识模块名称的系统内建变量（可认为一个源代码文件就是一个模块）。这两行的意思是：若当前源代码文件（model01.py）作为被调用模块导入到其他文件，则__name__ 的值为"model01.py"，此时语句if __name__=="__main__"后面的部分会跳过，不被执行；如果model01.py是主模块（调用其他模块的模块），那么__name__ 的值为"__main__"，解释器便会执行if __name__=="__main__"语句后面的部分。这两行可写可不写，但写上却是一个良好的编程习惯。

最后看一下这个程序的运行结果：

```
1.
2.  输出2018年6月的日历:
3.  ---------------------------
4.        June 2018
5.  Mo Tu We Th Fr Sa Su
6.            1  2  3
7.   4  5  6  7  8  9 10
8.  11 12 13 14 15 16 17
9.  18 19 20 21 22 23 24
10. 25 26 27 28 29 30
11.
```

3.2　基础语法

3.2.1　文件编码格式

Python 的文件编码格式可以参照下面几种语句形式指定。

```
1.  #encoding=utf8
2.  #encoding:utf8
3.  #coding=utf8
4.  #-*- coding:utf8 -*-
```

例如指定 Windows-1252 编码格式，可采用语句：#-*- coding: cp-1252 -*-。
源代码编码格式设置必须在其他代码之前进行。如果没有设置，则默认为UTF-8编码。

3.2.2　代码注释

1）单行注释

Python中单行注释以 # 开头，实例如下：

```
1.  # 第一个注释
2.  print ("Hello, 我的读者！") # 第二个注释
3.
```

可以看到，单行注释可以独立一行，也可以放在语句后面。但是无论放在什么地方，都需要以 # 开始。

2）多行注释

Python 中多行注释除了可以用多个 # 号外，还可以用三个连续的单引号或三个连续的双引号表示，实例如下：

```
1.  # 第一个注释
2.  # 第二个注释
3.
4.  '''
5.  第三注释
6.  第四注释
7.  '''
8.
9.  """
10. 第五注释
11. 第六注释
12. """
13. print ("Hello, 我的读者！")
14.
```

注意：在使用三个连续单引号或双引号时，需要配对使用，即如果以三个连续单引号开始，也必须以三个连续单引号结束，双引号亦然。

3.2.3　标识符命名规则

标识符是用来标识源代码中的变量、函数、类等对象的字符串，对标识符的命名，Python 有一套规则，如下。

① 标识符是大小写敏感的，如 numObject 和 NumObject 是两个完全不同的对象；

② 标识符的第一个字符必须是字母或下划线 _ ，不能以数字开头，其他部分可由字母、数字和下划线组成；

③ 标识符的长度不限；

④ 标识符不能与关键字同名；

⑤ 不能使用 Python 内置函数名或内置数据类型作为标识符名，如不能使用 int、float 等

命名其他变量，因为它们是内置数据类型的名称；

⑥ 在3.x版本中，只要属于Unicode编码的字符，都可以充当标识符的组成部分，如"身高"也可以作为一个变量的名称；

⑦ 以下划线（_）开头的标识符具有一定的特殊含义，如下：

◆ 源代码文件中，以单下划线开始的变量（_var），属于本模块的私有变量，其他模块不能调用；

◆ 在类的定义中，以单下划线开始的成员变量（_var）是保护变量，意思是只有类和子类能访问到这些变量，外部模块需通过类提供的接口进行访问，不能通过"from ×××import *"等方式导入。不过，对于目前版本的Python来说，这条还只是一条约定，没有强制实施；

◆ 在类的定义中，以连续两个或以上下划线开始，且没有以两个或以上下划线结尾的成员变量（__var/___var）叫做私有变量，意思是只有类本身自己能访问，连子类也不能访问这个变量；

◆ 以连续两个下划线开头和结尾的变量（__var__），在Python里代表特殊方法或特定用途的标识，如__init__()代表了类的构造函数。开发者应尽量避免使用这种方式命名。

⑧ 常量名应为大写加下划线（如MAX_OVERFLOW）。

通过以上命名规范可以看出，Python标识符的规则和其他语言基本类似，也是比较好掌握的。只要稍加实践，很快就可写出符合规范的变量名。

Python中有一个机制称为私有变量矫直（Private name mangling），即私有变量会在代码生成之前被转换为公有，转换规则是在变量前端插入类名，再在类名前端加入一个下划线，如类A里的__private标识符将被转换为_A__private。

3.2.4 代码缩进

Python的一大特色就是使用缩进来表示代码块，缩进是Python语法的一部分。也许Guido van Rossum就是想让违反了缩进规则的程序不能通过编译，以此来强制开发者养成良好的编程习惯。在Python中，利用缩进表示语句块的开始和退出，而非使用花括号或者某种关键字。增加缩进表示语句块的开始，而减少缩进则表示语句块的退出。如下面if的语句块：

```
1.  age = 18
2.  if age<21:
3.      print("你可能还是个学生。")
4.      print("那么，就要好好学习Python吧。")
5.  print("***这条语句已经跳出if语句块了***")
6.
```

根据PEP 8（Python Enhancement Proposals）的规定，建议使用4个空格来表示每级缩进，不过在实际编写中可以自定义空格数，不建议使用Tab键来设定缩进，更不建议Tab键和空格键混合使用。

虽然缩进的空格数是可变的，但是同一个代码块的语句必须包含相同的缩进空格数。Python对代码的缩进要求非常严格，如果不采用合理的代码缩进，将抛出语法异常错误。以下代码最后一行语句缩进的空格数与前面的语句不一致，会导致运行错误：

```
1.  if True:
2.      print ("Good, You Get it! ")
3.      print ("------------------")
4.  else:
5.      print ("Sorry, Try again.")
6.    print ("*************")      # 与上一行缩进空格数不一致，导致运行错误！
7.
```

再比如下面的代码块能够成功地编译运行，且在运行时不会提示任何异常或错误，但是输出却不是我们希望的结果。

```
1.  bWinFlag = True #初始化
2.  # Do Something ...
3.  if bWinFlag:
4.      print("根据考核标准：")
5.      print("你取得本次考核的第一名！")
6.  else:
7.      print("与其他成员相比：")
8.  print("尚需加倍努力，下次争取获得第一名！")   # !!!!! 注意
9.  print("----------------------------")
10.
```

运行之后，输出的结果如下：

```
1.  根据考核标准：
2.  你取得本次考核的第一名！
3.  尚需加倍努力，下次争取获得第一名！
4.  ----------------------------
5.
```

这显然不是我们想要的输出结果，第三行的输出文字不应该出现。这是因为源代码第8行没有和第7行缩进同样的空格数，造成输出逻辑上的混乱。

可见Python的缩进差之毫厘，谬以千里，所以开发者一定要时刻牢记缩进的规则：同一个代码块的语句必须包含相同的缩进空格数，这个必须严格执行。可以这么说：在Python编

程中，缩进的重要性怎么强调都不为过。

3.2.5　语句与行

一般情况下，Python中一行写一条语句，语句后面可不需要分号；也可以一行写多条语句，语句之间用分号分隔；如果一条语句很长，一行写不完，可以写在多行中，每行之间用反斜杠(\)来拼接，例如：

```
1.
2.  varOne = 11
3.  varTwo = 22
4.  varThree = 33
5.  total = varOne + \
6.          varTwo + \
7.          varThree
8.
9.  print(total);
10.
```

第5、6、7三行通过反斜杠(\)拼接成一条语句。在实际开发过程中，这种一条语句写在多行的情况也是比较常见的，特别是对字符串进行多行拼接的时候。比如数据库查询会用到SQL语句，由于SQL的语句一般非常长，为了阅读方便，需要换行书写。如：

```
1.
2.  # 字符串的换行
3.
4.  # 第一种方法
5.  strSql = "SELECT uid, uname \
6.          FROM tuser \
7.          WHERE uname = 'zhangsan'"
8.  print(strSql)
9.
10. # 第二种方法
11. strSql = "SELECT uid, uname " \
12.         "FROM tuser " \
13.         "WHERE uname = 'zhangsan'"
14. print(strSql)
15.
```

输出结果如下：

```
1.
2.  SELECT uid, uname              FROM tuser              WHERE uname = 'zhangsan'
3.  SELECT uid, uname FROM tuser WHERE uname = 'zhangsan'
4.
```

上面的例子中，第一种方法只使用了一对双引号，把SQL语句分为SELECT、FROM、WHERE等3部分分别书写。注意，为了美观，第6、7行是以几个空格开始的。

第二种方法使用了三对双引号，SELECT、FROM、WHERE等3部分分别使用了一对双引号。也请注意，为了美观，第12、13行是以几个空格开始的。

上面第一种方法多输出了第6、7行开始的一些空格，而这些空格不是必需的。

在实践中，强烈建议使用第二种写法，不仅可读性更强，而且可以使用空格对齐语句，使代码显得更工整。

特别地，在( )、[ ]或{ }中的多行语句，不需要使用反斜杠(\)。如：

```
1.
2.  items = ['item_one', 'item_two', 'item_three',
3.          'item_four', 'item_five']
4.
```

这将在后面的章节中阐述。下面一段代码在一行中写有多条语句，这常见于多个简单变量赋值的情况。

```
1.
2.  var1 = 5; var2 = 66; var3 = 77
3.  vi = vj = vk = "Python之家"
4.
```

3.2.6　模块导入

在Python语言中，模块是一个包含已经定义的函数和变量以及可执行语句的源代码文件，其后缀名是.py。模块可以被别的程序导入，以便使用该模块中的函数等对象。如果要在一个源文件中导入别的模块，可以使用 import 或者 from… import 语句。这里我们先做初步介绍，读者可结合3.8.1节来学习。

1）import 语句

import 语句的语法如下：

```
1.
2.  import module1[, module2[,... moduleN]
3.
```

其中[ ]标记表示可选项，一条 import 语句可以同时导入多个模块。

import 语句可以放在代码文件的任何地方，只要在使用被导入模块的对象前导入即可。当解释器遇到 import 语句时，会按照一定的搜索路径导入指定的模块。

比如有一个源文件 model01.py，代码如下：

```
1.
2. # Filename: model01.py
3. def print_Info( par ):
4.     print ("Output : ", par)
5.     return
6.
7. def cal_Average(num1, num2):
8.     average = (num1+num2)/2;
9.     return(average);
10.
```

另外一个文件 Test.py 需要引用 model01.py 中的函数 print_Info()，则代码如下：

```
1.
2. # Filename: Test.py
3.
4. # 导入模块
5. import model01
6.
7. # 调用 model01 模块中的函数
8. model01.print_Info("Python之家")
9.
```

一个模块只会被导入一次，不管执行了多少次 import。如果导入模块的名称太长，可以通过 as 子句为导入的模块指定一个别名，注意所起的别名不要与系统关键字或者其他变量重名。语句格式如下：

```
1.
2. import module1 as alias1, module2 as alias2, ... moduleN as aliasN
3.
```

2）from ... import 语句

这个语句允许 Python 从模块中只导入指定的部分到当前命名空间中，语法如下：

```
1.
2. from modelname import name1[, name2[, ... nameN]]
3.
```

在上面的例子中，如果只想导入 cal_Average 功能，则可以这样：

```
1.
2.  from model01 import cal_Average
3.
```

3）from ... import * 语句

这个语句把一个模块中所有的功能全部导入到当前的命名空间，如：

```
1.
2.  from model01 import *
3.
```

通过这种方式导入模块之后，在使用被导入模块中的函数时，只需要直接使用被导入模块中的方法/变量即可，不需要在前面添加模块名称。如上面例子中，在调用 model01 中的 cal_Average 函数时，直接使用 cal_Average(3,4) 就可以了。

Python 在导入模块时，首先会在当前执行文件所在目录下寻找。如果没有找到，会按照 Python 安装时配置的路径列表搜索，如果找不到，就会提示导入模块的错误。

最后特别说明一下：当以 from ... import 语句导入模块时，Python 会在当前源码文件（模块）的命名空间中新建相应的命名，例如 from model01 import cal_Average 语句相当于：

```
1.
2.  import model01
3.  cal_Average = model01.cal_Average
4.
```

即多了一个赋值过程。这就隐含了一个陷阱：被导入的变量如果恰好和当前命名空间中现有的变量（本地变量）同名，本地变量就会被"悄悄地"覆盖掉。而使用 import 则没这个问题，所以建议使用 import 导入模块。

3.3 基本数据类型

3.3.1 变量类型概述

Python 中的变量为动态类型，在定义变量时无需指定变量类型。"动态"的意思是指一个变量可以在需要的时候，由开发者给予任何数据类型的值，Python 的编译器会自动检测赋值的内容，以此来推断类型。如：

```
1.
2.  var1 = 123    #整型数值
```

```
3.
4.  # ....
5.
6.  var1 = "Hello, Python!"   #给同一个变量，赋予不同类型的值，这里是字符串。
7.
```

一个变量的当前值是最后一次被赋予的内容。

关于 Python 中的变量，有下面几个特点需要了解。

① Python 中的变量不需要声明。每个变量在使用前都必须赋值，只有赋值后该变量才会被创建。

② 等号运算符（=）用来给变量赋值。等号（=）运算符左边是一个变量名，右边是存储在变量中的值。

③ 在 Python 中，变量的"类型"实际上是变量所指的内存中对象的类型。

Python 3.X中，变量有8个大类、12个基本类型，如表3-1所示。

表3-1　Python 3.X版本中变量的基本类型

大类	基本类型	备注
Number（数值类型）	包括int，float，bool，complex（复数）	Python 3.X版本中已经没有long类型了
String（字符序列）	str	字符串
Byte（字节序列）	包括bytes，bytearray	字节串
List（列表）	list	
Tuple（元组）	tuple	
Set（集合）	set	
Dictionary（字典）	dict	
Range（整数序列）	range	

3.3.2　Number数值类型

数值类型包括int（整数型）、float（浮点型）、bool（布尔型）、complex（复数型）四种基本数据类型。在Python中，一切皆是对象，即使最基本的数值类型也是对象。

3.3.2.1　int型

在Python中，整数类型变量可以通过直接赋值创建，也可以用构造函数int( )创建。如：

```
1.
2.  var1 = 123   #直接赋值
3.
4.  var2 = int()        #使用构造器默认参数，值为0
5.  var3 = int(123)     #带参数，var3=123
6.  var4 = int(123.45)  #带参数，var4=123，把小数位截取了
```

```
7.  var5 = int("1011", base=2)   #带进制参数，二进制，
8.  var6 = int("123", base=8)    #带进制参数，八进制
9.  var7 = int("123", base=16)   #带进制参数，十六进制
10.
```

第一种方式简单明了，建议使用；对于使用构造函数创建的方式，可选参数 base 表示第一个参数值所属进制，默认为10，表示输入值为十进制数。若要直接给变量赋值2进制、八进制、十六进制数，按照下面的规则实现：

① 输入二进制时，以0b开头。例var=0b11，则表示十进制的3。

② 输入八进制时，以0o开头。例var=0o11，则表示十进制的9。

③ 输入十六进制时，以0x开头。例var=0x11，则表示十进制的17。

另外，Python 提供了三个内置函数 bin()、oct()、hex()，用以输出2进制、八进制、十六进制数；这三个函数的输出类型都是字符串型。如：

```
1.
2.  x = 100;    # x = 0b1100100;
3.  y = 200;    # y = 0o310;
4.  z = 300;    # z = 0x12c;
5.
6.  print(bin(x))   # 输出 "0b1100100"
7.  print(oct(y))   # 输出 "0o310"
8.  print(hex(z))   # 输出 "0x12c"
9.
```

int 型变量还有几个特有的函数（方法），简单介绍一下。

1）bit_length()

这个函数返回一个二进制整数的位数（不包括符号位和前导位0）。如：

```
1.
2.  >>> x = 33
3.  >>> bin(x)
4.  '0b100001'
5.  >>> x.bit_length()
6.  6
7.  >>>
```

2）int.from_bytes(bytes, byteorder, signed=False)

这个函数将bytes（字节串）类型的变量转为十进制整数（bytes类型是Python3.X特有的数据类型，我们将在后面介绍）。参数 bytes 表示 bytes 对象；参数 byteorder 确定 bytes 的字节顺序。如果参数 byteorder 为 big，则低位字节位于字节数组的开头；如果为 little，则低位

字节位于字节数组的末尾；参数signed指示是否考虑符号位（正负），默认是不考虑符号位，如果signed=true，则转换为一个负数。例：

```
1.
2.  >>> int.from_bytes(b'\x00\x10', byteorder='big')
3.  16
4.  >>> int.from_bytes(b'\x00\x10', byteorder='little')
5.  4096
6.  >>> int.from_bytes(b'\xfc\x00', byteorder='big', signed=True)
7.  -1024
8.  >>> int.from_bytes(b'\xfc\x00', byteorder='big', signed=False)
9.  64512
10. >>>
```

以上面代码的第六行为例分析一下，'\x'表示十六进制数，高低位标志是'big'，因此'\xfc'是高位，'\x00'是低位，'\xfc'写成二进制数为：11111100，'\x00'的二进制数为00000000，所以这个字节串的二进制数应该是11111100 0000 0000，又因为signed=True，所以要考虑符号位，而最高位是1，因此这个二进制数是负数，取其补码（最高位不变，其余各位取反加1），可以得到1000010000000000，写成十进制，就是-1024。

3）int.to_bytes(length, byteorder, signed=False)

这个函数的功能是把十进制整数转换为bytes类型的变量。其中参数length指定十进制整型数用多少个字节表示。如果整数不能用给定的字节数表示，则会引发overlowerror错误；参数byteorder和signed见函数from_bytes()的描述。如：

```
1.
2.  >>> x = 1024
3.  >>> x.to_bytes(2, byteorder='big')
4.  b'\x04\x00'
5.  >>> x.to_bytes(10, byteorder='big')
6.  b'\x00\x00\x00\x00\x00\x00\x00\x00\x04\x00'
7.  >>> y = -1024
8.  >>> y.to_bytes(10, byteorder='big', signed=True)
9.  b'\xff\xff\xff\xff\xff\xff\xff\xff\xfc\x00'
10. >>>
```

3.3.2.2 float型

在Python中，浮点型变量的创建方式同整数型变量。如：

```
1.
2.  var1 = 321.0   #直接赋值，注意后面的.0
3.
4.  var2 = float()          #使用构造器默认参数，值为0.0
```

```
5.  var3 = float(321)        #带参数，值为321.0
6.  var4 = float(321.0)      #带参数，值为321.0
7.  var5 = float ("321")     #带参数，值为321.0
8.  var6 = float ("321.0")   #带参数，值为321.0
9.
```

使用构造函数创建时，参数可以是整数型、浮点型，也可以是字符串型。

另外，使用 float() 构造器还可以定义无穷大(Infinity 或 inf)和负无穷大。如：

```
1.
2.  var1 = float("infinity")   # 正无穷大。inf 也可以，并且大小写均可
3.  var2 = float("-infinity")  # 负无穷大。inf 也可以，并且大小写均可
4.
```

float型变量也有几个特有的函数（方法），简单介绍如下。

1）as_integer_ratio()

返回一对整数，这对整数的商正好是这个浮点数，其中分母为正。如果对无穷大或非数值类型变量进行操作，会引发一个OverflowError异常错误。例如：

```
1.
2.  >>> x = 2.5
3.  >>> x.as_integer_ratio()
4.  (5, 2)
5.  >>>
```

2）float.is_integer()

这个函数的功能是：如果float变量具有有限的整数值，则返回True；否则返回False。例如：

```
1.
2.  >>> x = -8.0
3.  >>> x.is_integer()
4.  True
5.  >>> y = 8.1
6.  >>> y.is_integer()
7.  False
8.  >>>
```

3）float.hex() 以及 float.fromhex(str)

函数 float.hex() 以十六进制字符串形式表示一个十进制浮点数。对于有限值的浮点数，这种表达方式将始终包括前导符0x和尾随p以及一个指数值（指数值是十进制）

函数 float.fromhex(str) 的功能与函数 hex() 正好相反，将一个以十六进制字符串形式表示的浮点数转换为十进制格式，例如设十六进制字符串是 0x3.a4p5，则实际的十进制浮点数是 $(3 + 10/16 + 4/256) \times 2^5 = 116.5$。举例如下。

```
1.
2.  >>> x = 3.4
3.  >>> x.hex()
4.  '0x1.b333333333333p+1'
5.  >>> y = float.fromhex('0x1.b333333333333p+1')
6.  >>> y
7.  3.4
8.  >>> x==y
9.  True
10. >>>
```

3.3.2.3 bool 型

布尔型是 int 型的子类，只有两个值：True 和 False，其中 False 等同于 0，True 等同于 1。其创建方式除了直接赋值，还可以用构造函数 bool() 创建。例：

```
1.
2.  var1 = False    #直接赋值
3.
4.  var2 = bool()        #使用构造器默认参数，值为False
5.  var3 = bool(0)       #带参数，值为False
6.  var4 = bool(1)       #带参数，值为True
7.  var5 = bool(0.1)     #带参数，值为True
8.  var6 = bool("3")     #带参数，值为True
9.
```

可以看到，用构造函数 bool() 创建时，只要参数为空或 0，则变量值为 False，否则不管参数为何种类型的值，皆为 True。

3.3.2.4 complex 型

complex 用来表示复数。同其他类型一样，创建复数变量也有两种方式。

① 变量直接赋值，复数形式为 a+bj。

② 使用构造函数 complex() 创建，形式为：complex(real[, image])，其中 real 是实数部分，image 是虚数部分，如果 real 参数以字符串形式给出，则第二个参数必须省略。实例如下：

```
1.
2.  var1 = 5+6j     #直接赋值，值为(5+6j)
3.
4.  var2 = complex()        #使用构造器默认参数，值为(0j)
5.  var3 = complex(5)       #带参数，值为(5+0j)
```

```
6.  var4 = complex(5,6)      #带参数，值为(5+6j)
7.  var5 = complex(5.2,6)    #带参数，值为(5.2+5j)
8.  var6 = complex("5")      #带参数，值为(5+0j)，不能带第二个参数！！！
9.  var7 = complex("5+6j")   #带参数，值为(5+6j)。注意此种情况，字符串中的+号前后
                                             不能有空格！
10.
```

注意上面实例中的最后一行，"+"号前后不能有空格，否则出错。

3.3.3　String字符串

Python中的字符串是Unicode字符序列，在编码上实现了统一性。Python的字符串是一种可迭代的数据类型（可通过迭代器访问）。

需要注意的是，Python的字符串是不可改变对象，如果改变一个字符串的元素，需要新建一个字符串。也即改变某个字符串变量，相当于把原来的值复制一份后再改变，变量指向改变后的新地址。

3.3.3.1　创建字符变量

Python中的字符串用单引号或双引号括起来（分别成对使用，不能混用）。同其他类型数据一样，字符串变量也是一种对象，所以也可以使用字符串构造函数str()来创建。实例如下：

```
1.
2.  var11 = 'Hello，我的祖国！'    #用单引号直接赋值
3.  var12 = "Hello，我的祖国！"    #用双引号直接赋值
4.
5.  var2 = str()             #使用构造器默认参数，结果为空字符串
6.  var3 = str(56.7)         #带参数，结果为"56.7"
7.  var4 = str("Text")       #带参数，结果为"Text"
8.
```

Python 使用反斜杠(\)转义特殊字符，见表3-2。

表3-2　Python字符串中的转义字符表

转义字符	描述
\(在行尾时)	续行符
\\	反斜杠符号
\'	单引号
\"	双引号
\a	响铃
\b	退格(Backspace)
\e	转义
\000	空

续表

转义字符	描述
\n	换行
\v	纵向制表符
\t	横向制表符
\r	回车
\f	换页
\oyy	八进制数，yy代表的字符，例如：\o12代表换行
\xyy	十六进制数，yy代表的字符，例如：\x0a代表换行
\other	其他的字符以普通格式输出

例如，下面的代码在 var1 变量中有一个换行转义符。

```
1.
2.  var1 = 'Hello，我的祖国!\n今天是你的生日。'    #用单引号直接赋值
3.
4.  print(var1);
5.  #输出结果，已经换行了
6.  Hello，我的祖国!
7.  今天是你的生日。
8.
```

3.3.3.2　字符变量运算

字符串实际上是字符数组，对字符串中字符的访问是通过方括号中的下标来进行的。需要注意的是下标的索引值从0开始，而-1表示字符串末尾的开始位置，如图3-1所示。

字符串访问语句格式：

➤ 变量[下标]：获取一个字符；
➤ 变量[头下标:尾下标]：获取一段字符，结果不包括尾下标索引位置的字符。

图3-1 字符串索引示意图

请看下面的实例：

```
1.
2.  var1 = 'Hello，我的祖国!'    #用单引号直接赋值
3.
4.  print(var1[0])      #输出"H"
5.  print(var1[0:5])    #输出"Hello"
6.  print(var1[6:-1])   #输出"我的祖国"
7.  print(var1[0:-1])   #输出"Hello，我的祖国"
8.  print(var1[0:-3])   #输出"Hello，我的"
9.
```

除了访问字符串内容外，字符串变量还有很多其他运算，比如字符串连接、字符串重复等，见表3-3。其中实例变量var1="Hello"，var2="Python"。

表3-3 Python字符串变量的运算

操作符	描述	实例
+	字符串连接	var1 + var2 输出结果：HelloPython
*	重复字符串，生成新变量	var2*2 输出结果：PythonPython
[i]	获取索引为i的字符	var2[1] 输出结果：y
[i:j]	截取字符串中索引i到j的字符	var2[0:4] 输出结果：Pyth
[i:j:k]	从索引i（包括本身）到索引j（不包括本身），每隔k步获取一个字符	var2[0:4:2] 输出结果：Pt
in	成员运算符，如果字符串中包含给定的字符就返回True（大小写敏感），否则为False。	"P" in var2 输出结果：True
not in	成员运算符，如果字符串中不包含给定的字符就返回True（大小写敏感），否则为False。	"P" not in var2 输出结果：False
r或R	原始字符串：所有的字符都是直接按照字面的意思来使用，没有转义特殊字符或者不能打印的字符，一视同仁。原始字符串除在字符串的第一个引号前加上字母r或者R（可以大小写）以外，与普通字符串有着完全相同的语法。	print(r"\n") print(R"\n") 均输出字符串"\n"

3.3.3.3 常用字符串操作函数

Python的一切变量皆为对象，所以字符串操作函数实际上就是字符串类的功能函数，这些函数均可以通过字符串变量直接调用，常用字符串操作函数见表3-4。

表3-4 常用字符串操作函数列表

序号	函数说明
1	capitalize() 把字符串的第一个字符转换为大写，其他为小写。本函数无参数
2	casefold() 把字符串中所有大写字符转换为小写
3	center(width[, fillchar]) 返回一个原字符串居中、并使用fillchar(默认为空格)填充至长度 width 的新字符串，如果width小于等于字符串长度，则直接返回，不做填充
4	count(sub[, start[, end]]) 返回子字符串sub在字符串里出现的次数。Start：开始搜索的位置，默认为第一个字符，第一个字符索引值为0；end：结束搜索的位置，默认为字符串的最后一个位置
5	encode(encoding='utf-8',errors='strict') 以指定的编码格式编码字符串，默认为utf-8。errors参数可以指定不同的错误处理方案，默认为'strict'。encoding支持多种编码格式，包括gb2312、gbk、gb18030、big5等，甚至还可以自定义编码

续表

序号	函数说明
6	endswith(suffix[, start[, end]]) 检查字符串是否以指定后缀suffix结尾，如果是，返回True；否则返回False。 start：可选参数，指定字符串开始搜索位置，默认为0（可单独指定）。 end：可选参数，指定字符串结束搜索位置，默认为字符串结尾（不能单独指定）
7	expandtabs(tabsize=8) 返回一个字符串的拷贝，并把其中的tab符号('\t')转为空格，tab符号默认的空格数是8
8	find(sub[, start[, end]]) 检测子字符串sub是否包含在字符串中，检测方向为从左到右；如果包含，则给出第一个匹配项的索引位置，否则返回-1。参数start和end分别标记开始搜索和结束搜索的位置
9	format(*args, **kwargs) 返回格式化后的新字符串。*args与**kwargs都是可选参数，在函数的参数数量不确定时使用，必须位于普通参数和默认参数之后。*args传递没有键值(non-keyworded)的参数，按位置传递，参数数量可变；**kwargs传递有键值（key）的参数，按键值（key）传递，是元组（tuple）参数，参数数量可变，**kwargs参数必须位于参数列表的最后面
10	index(sub[, start[, end]]) 跟find()方法一样，区别是如果sub不在字符串中，会报一个异常
11	isalnum() 如果字符串至少有一个字符，并且所有字符都是英文字母或数字，则返回True，否则返回False
12	isalpha() 如果字符串至少有一个字符，并且所有字符都是英文字母，则返回True，否则返回 False
13	isdecimal() 检查字符串是否只包含十进制字符，如果是，则返回True，否则返回False。函数对Unicode数字、全角数字返回True，而罗马数字、汉字数字会返回False；如果是单字节数字则报错
14	isdigit() 如果字符串只包含数字则返回True，否则返回False。函数对Unicode数字、单字节数字、全角数字（双字节）、罗马数字均返回True，而汉字数字会返回False
15	islower() 如果字符串中至少包含一个区分大小写的字符，并且所有区分大小写的字符都是小写，则返回 True，否则返回 False
16	isnumeric() 如果字符串中只包含数字字符，则返回 True，否则返回 False。函数对Unicode数字、全角数字、罗马字、汉字数字均返回True；如果是单字节数字则报错
17	isspace() 如果字符串中只包含空白符，则返回 True，否则返回 False
18	istitle() 如果字符串中所有单词的首字母是大写，其余字母为小写，则返回 True，否则返回 False
19	isupper() 检测字符串中所有区分大小写的字母是否都为大写，如果是，则返回 True，否则返回 False
20	join(iterable) 将可迭代对象（字符串、列表、元组、字典）中的元素以指定的字符连接生成一个新的字符串。如果有非字符串元素，则会引发TypeError异常

续表

序号	函数说明
21	ljust(width[, fillchar]) 返回一个原字符串左对齐、并使用指定字符（fillchar，默认为空格）填充至指定长度（width）的新字符串，如果指定的长度width小于原字符串的长度，则返回原字符串
22	lower() 把字符串中所有大写字符转换为小写，只对ASCII编码有效
23	lstrip([chars]) 从字符串的左侧开始，删除本字符串中的指定字符(char，默认空白字符)
24	maketrans(x[, y[, z]]) 创建字符映射的转换表。如果只有一个参数（x），则必须是字典类型（dict）；如果有两个参数（x,y），x是字符串，表示需要转换的字符，y也是字符串，表示转换的目标，x和y的长度需相等；如果有三个参数x,y,z，则第三个参数必须为字符串，最后返回的字符串中将第三个参数中包括的字符删除掉。maketrans()的结果会传递给translate()函数
25	replace(old, new [, count]) 把原字符串old替换成新字符串new；如果指定第三个参数count，则替换次数不超过count次
26	rfind(sub, start=0,end=len(string)) 类似于find()函数，不过是从右边开始查找
27	rindex(str, beg=0, end=len(string)) 类似于index()，不过是从右边开始
28	rjust(width,[, fillchar]) 返回一个原字符串右对齐、并使用指定字符（fillchar，默认为空格）填充至指定长度（width）的新字符串。如果指定的长度width小于原字符串的长度，则返回原字符串
29	rstrip([char]) 从字符串的右侧开始，删除本字符串中的指定字符（char，默认为空格）
30	split(sep=None, maxsplit=-1) 将一个字符串分裂成多个字符串组成的列表。sep为分隔符（如果没有指定或者指定为None，则任何空白字符，如空格、换行符、制表符等，均为分隔符。）；maxsplit表示分割次数，即将字符串分隔成maxsplit +1 个子字符串；如果没有指定maxsplit或者指定maxsplit=-1，则对所有能分隔的都处理
31	splitlines([keepends]) 对字符串按照换行符(\r, \r\n, \n)分隔，返回一个以各行内容为元素的列表。如果参数 keepends为 False，则不保留每行结尾处的换行符，如果为 True则保留
32	startswith(prefix[, start[, end]]) 检查字符串是否以指定的字符串（prefix）开头，是则返回 True，否则返回 False。如果指定了搜索范围（start，end），则在指定范围内检查
33	strip([chars]) 在字符串上执行lstrip()和rstrip()，返回处理后的结果
34	swapcase() 返回新的字符串，将原字符串中的大写字符转换为小写，小写字符转换为大写
35	title() 返回"标题化"的字符串。"标题化"是指所有单词都是以大写开始，其余字母均为小写

续表

序号	函数说明
36	translate(table) 根据参数table给出的转换表转换字符串中的字符。其中table翻译表是通过maketrans()方法创建的
37	upper() 返回一个新字符串，把原字符串中的小写字符全部转换为大写
38	zfill (width) 返回长度为 width 的新字符串，源字符串右对齐，前面填充0。如果width不大于源字符串长度，则返回源字符串

还有几个和字符串相关的函数，但这几个函数不是字符串对象独有的，而是内嵌的全局函数和bytes对象的函数（bytes类型会在后面讲述）。

① len(str)：返回字符串长度，是以"字符"统计，一个汉字只算一个字符。

② max(str)：返回字符串 str 中最大的字母。

③ min(str)：返回字符串 str 中最小的字母。

④ bytes.decode(encoding="utf-8", errors="strict")：以指定的编码格式解码bytes对象，返回对应的字符串。默认编码为 utf-8。errors 参数用来指定不同错误的处理方案，默认为 strict，即当编码出现错误时引起一个UnicodeError。Errors的其他可取值有ignore、replace、xmlcharrefreplace、backslashreplace 等。这里之所以要介绍bytes.decode()函数，是因为 Python3 中 str 对象没有decode方法，所以可使用 bytes 对象的 decode() 方法来解码，而这个 bytes 对象可以由字符串对象的 encode() 来编码，这在编码转换时能够派上用场。

另外，len()、min()、max()函数同样也适用于后面要讲述的列表、集合等对象。

3.3.3.4　字符串的格式化

字符串格式化是以后经常用到的功能。格式良好的字符串输出可以更好地展示计算结果，有效地表达结果的含义，提高用户对结果信息的使用效率。所以 Python 对字符串的格式化非常重视，专门制定了一系列的语法规则来方便开发者高效使用，开发出完美的信息输出。

Python 中对字符串的格式化输出方式有两种：

① format() 函数格式化方式；

② %格式化方式。

目前最新版的 Python 推荐使用 format() 函数的形式，因为它有逐渐取代%格式化方式的趋势，所以我们主要讲述 format() 函数的使用方式。

在一个字符串变量中，大括号 {} 是有特殊含义的，大括号内被称为可替代域，也称为占位符，大括号外的文字称为字面文本（literal text），会被原样输出。占位符的内容会按照 format() 函数指定的格式和内容被替换，与其他内容一起输出。

由于大括号有特殊作用，如果需要在字面文本中包括大括号，应通过双大括号来转义输出，否则在使用 format() 函数时会引发异常。

下面是占位符（可替代域）部分的语法规则：

```
replacement_field ::=  "{"[field_name]["!"conversion][":"format_spec]"}"
```

占位符可以由三部分组成，分别是字段名称（field_name）部分、转换（conversion）部分、格式规则（format_spec）部分，这三部分通过感叹号（!）和冒号（:）进行区分。这三部分都是可选的，但左右大括号是不能省略的。

1）字段名称（field_name）

字段名称（field_name）可以是一个数字，也可以是一个字符关键字。如果是一个数字，则其代表一个位置参数，对应着format()参数的位置；如果是一个字符关键字，则说明是一个命名参数，对应着format()函数中的命名关键字。更进一步，如果字段名称（field_name）是数字，并且占位符按照0、1、2...顺序排列，它们是可以省略的，foramt()函数会自动按照这个顺序对应。另外，占位符内字符关键字不需要单（双）引号来包围，所以不能使用数字作为字符关键字。

2）转换部分（conversion）

转换（conversion）部分表示是否对替换字段名称（field_name）的内容进行强制转换。目前支持三种强制转换，分别是"!s"、"!r"、"!a"。其中"!s"代表进行str()转换，即把内容作为str()的输入参数，其结果作为替换内容；"!r"代表进行repr()函数转换，即把内容传给repr()函数，以repr()函数的结果作为替换内容；"!a"代表进行asci()函数转换，即把内容传给ascii()函数，以ascii()函数的结果作为替换内容。

str()是字符串类型的构造函数，前面已经讲过，这里简单介绍一下repr()和ascii()这两个函数。和print()一样，repr()和ascii()是两个内置函数，也就是说开发者可以直接使用，无需引入额外的模块。repr()函数调用对象内置的__repr__()函数，返回一个标准的字符串表示的对象描述，转化为供解释器读取的形式。ascii()函数和repr()基本一致，其区别在于ascii()会把非ASCII字符转换为ASCII格式（以 \x, \u 或 \U 表示）。

3）格式规则（format_spec）

格式规则（format_spec）部分包含的语法规定了替换内容的展现形式，如宽度、对齐方式、前后填充、数字精度等。

```
format_spec    ::= [[fill]align][sign][#][0][width][grouping_option][.precision][type]
1.  fill            ::= <any character>
2.  align           ::= "<" | ">" | "=" | "^"
3.  sign            ::= "+" | "-" | " "
4.  width           ::= digit+
5.  grouping_option::= "_" | ","
6.  precision       ::= digit+
7.  type            ::= "b"|"c"|"d"|"e"|"E"|"f"|"F"|"g"|"G"|"n"|"o"|"s"|"x"|"X"|"%"
```

格式规则由多个片段组成，包括填充字符（fill）、对齐方式（align）、正负号（sign）、显示宽度（width）、分组选项（grouping_option）、显示精度（precision）以及显示类型（type）等七部分。

填充字符（fill）部分可以为任何字符，注意只能是一个字符（可以为汉字），并且不要使用大括号作填充字符。这个部分必须和对齐方式（align）一起使用。

对齐方式（align）包括左对齐、右对齐、中间对齐等方式，表3-5给出了详细的说明。

表3-5　字符串格式化对齐方式

对齐方式	含义
<	左对齐，即填充字符排在原文本对象的右侧，对除数字之外的文本对象来说，这是默认的模式
>	右对齐，即填充字符排在原文本对象的左侧，对数字对象来说，这是默认模式
^	中间对齐，即原文本对象居中，填充字符排在两侧
=	只对数字对象有效，强制把填充字符排在正负号（sign）之后（如果设置了sign）、数字对象之前

正负号（sign）部分只对数值型内容有效，用来显示数值的正负性质。因为只对数值内容有效，所以如果设置了这个选项，就不能再使用上面提到的"转换部分"了。可以设置的选项见3-6。可以设置的正负号选项见表3-6。

表3-6　字符串格式化正负号选项

选项	含义
+	表示必须显示正负号
−	如果数值为负，则显示负号，如果数值为正，则不显示正号；是默认选项
空格	如果数值为正，数值前加一空格；如果为负，则显示负号

"#"选项只对integer、float、complex和Decimal类型有效。对于整数，当输出二进制、八进制或十六进制时，此选项在输出值前添加前缀"0b"、"0o"或"0x"；对于浮点数、复数和十进制数，输出结果会始终包含小数点字符，即使后面没有数字也是如此。

显示宽度（width）是一个十进制的整型数，用来定义显示内容的最小宽度；如果没有设置，显示宽度由显示的内容决定。

如果没有设置对齐方式（align），在显示宽度前添加了"0"字符，相当于填充字符（fill）设置为"0"，同时对齐方式（align）设置为"="。

分组选项（grouping_option）用来对数据进行分组，包含两个可选项，分别是逗号"，"、下划线"_"，见表3-7。

表3-7　字符串格式化分组选项

选项	含义
,	逗号，自动在三个数字之间添加，分隔千分位，只用于十进制数字
_	下划线，分隔整数部分，适用于非十进制
(省略)	不进行分组

显示精度（precision）也是一个十进制的整型数，必须在"."号之后，对于以"f"或"F"显示的浮点数，指定在小数点字符后显示多少精度位；对于以"g"或"G"显示的浮点数，指定在小数点字符前、后共显示多少精度位；对非数值类型的内容，设置了最大显示宽度，也就是说只显示内容的前几位，会截断后面的内容。注意：这个选项不能用在整型数据上，否则会提示错误。

显示类型（type）部分指定替换内容如何显示，对于不同的数据类型，有不同的选项。对于字符串类型的内容，显示类型选项见表3-8。

表3-8　字符串格式化显示字符串类型的选项

选项	含义
s	显示字符串
(省略)	显示字符串，是默认形式

对于整数类型的内容，显示类型选项见表3-9。

表3-9　字符串格式化显示整数类型的选项

选项	含义
b	以二进制形式显示整数值
c	以Unicode字符形式显示整数值
d	以十进制形式显示整数值。这也是默认选项
o	以八进制形式显示整数值
x	以十六进制形式显示整数值，大于9的数值以小写字母显示
X	以十六进制形式显示整数值，大于9的数值以大写字母显示
n	基本与d相同，区别在于使用当前语言环境设置插入适当的数字分隔符
(省略)	默认形式，等同于d

对于浮点数或小数类型的内容，显示类型选项见表3-10。

表3-10　字符串格式化显示浮点数类型的选项

选项	含义
e	以科学计数法显示，以小写字母e表示指数。默认精度为6
E	以科学计数法显示，以大写字母E表示指数。默认精度为6
f	浮点数，默认保留小数点后六位
F	与f选项基本一致，区别在于把nan变为大写NAN，inf变为大写INF，其中nan(NAN)表示Not A Number，inf(INF)表示无穷大
g	自动在e选项和f选项之间切换
G	自动在E选项和F选项之间切换
n	基本与g选项相同，区别在于使用当前语言环境设置插入适当的数字分隔符
%	在f选项中，数值乘以100，并随后跟着一个百分号%
(省略)	默认形式，同g选项

表3-10中的选项除了n之外，也都适合整型数值的内容。

如果格式规则（format_spec）部分省略，则结果与调用str()函数一样。

注意：在占位符中的字段名称（field_name）、转换（conversion）、格式规则（format_spec）三部分之间不能有空格，并且左大括号之后、右大括号之前也不能有空格。

下面我们举例说明以上格式化规则的使用：

```
1.
2.  # format()字符串格式化
3.  tx1 = "First, do {0}, then play {1}."    # 字段名称field_name为数字
4.  tx = tx1.format("Homework", "Game");
5.  print(tx, end="\n\n");
6.
7.  tx1 = "My name is {name}."  # 字段名称为字符关键词
8.  tx = tx1.format(name="Donald Trump");
9.  print(tx);
10. tx1 = "My name is {name!r}."  # 注意区别
11. tx = tx1.format(name="Donald Trump");
12. print(tx, end="\n\n");
13.
14. tx1= "My Name is {!r:s}, Age {:d}, Salary {:.2f}$."
15. tx = tx1.format("Elvis Presley", 38, 88888.8) #s格式化字符串，d格式化十进制，f格式化浮点
16. print(tx, end="\n\n");
17.
18. # 不同进制表示
19. tx1 = "不同进制表示，体重(十进制)：{weight:#}\n"   \
20.       "不同进制表示，体重(二进制)：{weight:#b}\n" \
21.       "不同进制表示，体重(八进制)：{weight:#o}\n" \
22.       "不同进制表示，体重(十六进制)：{weight:#x}"
23. tx = tx1.format(weight=120)
24. print(tx, end="\n\n");
25.
26. # 显示百分比数据
27. numRight = 19
28. numTotal = 22
29. strText = '正确率为：{:.2%}'
30. strInfo = strText.format(numRight/numTotal)
31. print(strInfo);   # 输出：正确率为：86.36%
32.
```

输出结果如下：

```
1.
2.  First, do Homework, then play Game.
3.
4.  My name is Donald Trump.
5.  My name is 'Donald Trump'.
6.
7.  My Name is 'Elvis Presley', Age 38, Salary 88888.80$.
```

```
8.
9.  不同进制表示，体重(　十进制)：120
10. 不同进制表示，体重(　二进制)：0b1111000
11. 不同进制表示，体重(　八进制)：0o170
12. 不同进制表示，体重(十六进制)：0x78
13.
14. 正确率为：86.36%
15.
```

字符串格式的规范非常多，上面讲述的是基本的规定，掌握了这些语法，可以满足开发者的大部分需求。如果读者需要更深入地了解详细的语法规则，可参考专门讲述这方面的书籍。

字符串格式化的另外一种形式——%格式化的语法规则和上面非常类似，在大多数情况下，format()规则使用"{}"和":"替代了%格式化中的"%"。如：'%03.2f'等同于'{:03.2f}'。详细的语法规则这里不再重复说明。

3.3.4 Byte字节序列

前面讲述的字符串类型变量包含的是字符序列，在实际编程中，很多场景下（例如对文件进行二进制存储、网络传输、数据库存储等）需要采用字节序列类型数据。Python中有bytes和bytearray两种字节序列类型，两种类型的数据对象都是由0到255的整数或ASCII字符组成。可以说bytes是bytearray的只读版本。

3.3.4.1　创建字节序列变量

作为Python中的一种对象，Python中的字节序列变量用单引号或双引号括起来，并在引号前面加以b或B。字节序列变量的创建方式有两种，分别是：

① 以b或B开始，直接赋值，这种方式生成的对象是bytes类型，不是bytearray类型。

② 使用构造函数 bytes()或者 bytearray()创建。

下面是bytes类型的构造函数。

- bytes()：创建一个空的bytes对象。
- bytes(iterable_of_ints)：参数iterable_of_ints代表整数可迭代对象，包括元组、列表等，其整数元素不能超过255。
- bytes(string, encoding[, errors])：以字符串变量创建bytes对象，bytes按照encoding指定的值进行转换、编码。
- bytes(bytes_or_buffer)：以一个bytes变量或内存值创建新的bytes对象。
- bytes(int)：创建指定长度的bytes对象，并且以"\0"初始化每个元素。

可通过以下代码进行理解：

```
1.
2.  #1 以b/B开始，直接赋值
```

```
3.  #  这种方式只能包含Ascii字符，不能包含汉字等其他字符
4.  var1 = b'Hello, Wo De Du Zhe.' # 创建的是bytes类型，不是bytearray
5.  print("var1=",var1);
6.  print("var1的类型：",type(var1));
7.  print();
8.
9.  #2 创建一个空的bytes对象
10. print("创建空bytes对象:")
11. var2 = b'';    # 直接创建空bytes对象
12. print("var2的长度：", len(var2))
13.
14. var3 = bytes();   # 一个空bytes对象
15. print("var3的长度：", len(var3))
16. print();
17.
18. #3
19. x = [0, 8, 15, 255, 10, 100, 200];  # [0,255]之间的整数
20. var4 = bytes(x)
21. print("var4=", var4);
22.
23. #4 字符串做参数，可以包含汉字等字符
24. var5 = bytes("Hello, 我的读者。", encoding="utf-8");
25. print("var5=", var5);  # 输出时，以encoding指定格式进行编码
26.
27. #5
28. var6 = bytes(var5);
29. print("var6=", var6);
30. print();
31.
32. #6 创建指定长度的以'\0'初始化的对象
33. var7 = bytes(7);
34. print("var7=", var7);
35.
```

输出结果为：

```
1.
2.  var1= b'Hello, Wo De Du Zhe.'
3.  var1的类型：<class 'bytes'>
4.
5.  创建空bytes对象:
6.  var2的长度：0
```

```
 7.  var3的长度:  0
 8.
 9.  var4= b'\x00\x08\x0f\xff\nd\xc8'
10.  var5= b'Hello, \xe6\x88\x91\xe7\x9a\x84\xe8\xaf\xbb\xe8\x80\x85\xe3\x80\x82'
11.  var6= b'Hello, \xe6\x88\x91\xe7\x9a\x84\xe8\xaf\xbb\xe8\x80\x85\xe3\x80\x82'
12.
13.  var7= b'\x00\x00\x00\x00\x00\x00\x00'
14.
```

bytearray 对象通过 bytearray() 构造函数创建,形式同 bytes()。

在讲述字符串变量的时候,我们提到以 r 或 R 开头的原始字符序列(所有字符按字面本义使用)。同样,r 或 R 也可以用在 bytes 类型上(必须和 b 或 B 成对使用,顺序不分前后),以构成 bytes 类型变量前缀(bytesprefix):

bytesprefix ::= "b" | "B" | "br" | "Br" | "bR" | "BR"

例如:

```
 1.
 2.  # b/B/br/Br/bR/BR
 3.  x = b'\"ABC'
 4.  print("x=",x);
 5.
 6.  y = br'\"ABC'
 7.  print("y=",y);
 8.
```

输出结果为:

```
 1.
 2.  x= b'"ABC'
 3.  y= b'\\"ABC'
 4.
```

从这个例子可以看出,r/R 对字节序列类型变量的作用和对字符串变量的作用是一样的。

3.3.4.2　字节变量运算

对 bytes 和 bytearray 类型的字节序列变量的访问是通过下标进行的,下标的索引值从 0 开始,而 -1 表示末尾开始位置,如图 3-2 所示。

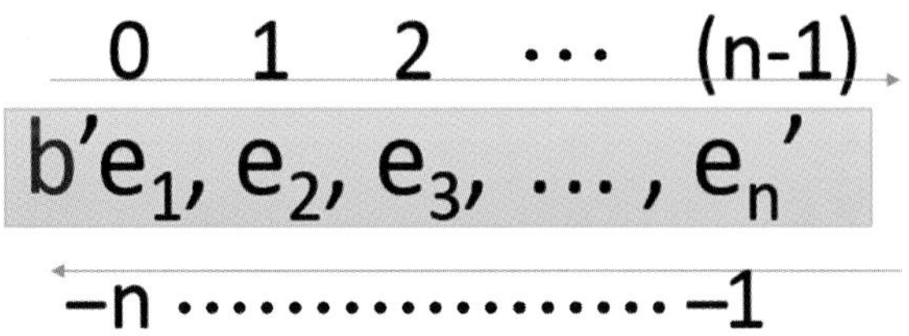

$$0 \quad 1 \quad 2 \quad \cdots \quad (n-1)$$

$$b'e_1, e_2, e_3, \ldots, e_n'$$

$$-n \cdots\cdots\cdots\cdots -1$$

图3-2　字节序列变量索引示意图

访问字节序列片段格式为：

● 变量[下标]：表示获取一个字节。

● 变量[头下标：尾下标]：表示获取一段字节序列，结果不包括尾下标索引位置的字节。

请看下面的实例：

```
1.
2.  var1 = b'Hello, Dear Reader.'    #用单引号直接赋值
3.  var2 = b' We will learn Python together.'    #用单引号直接赋值
4.  print("var1=", var1);   #输出 var1= b'Hello, Dear Reader.'
5.  print('-'*30)
6.
7.  var = var1 + var2;
8.  print("var=", var); #输出 var= b'Hello, Dear Reader. We will learn Python together.'
9.  print('-'*60)
10.
11. print(var1[0])       #输出72，对应着ASCII表中的'H'
12. print(var1[0:5])     #输出b'Hello'
13. print(var1[0:-3])    #输出b'Hello, Dear Read'
14. print(var1[7:-1])    #输出b'Dear Reader'
15. print(var1[0:12:2])  #输出b'Hlo er'
16.
```

除了访问字节序列片段外，字节序列变量还有很多其他运算，见表3-11，表中设实例变量var1 = b"Hello"，var2 = b"Python"。

表3-11　字节序列操作符运算

操作符	描述	实例
+	字节序列连接	var1 + var2 输出结果：b'HelloPython'
*	重复字节序列内容，生成新变量	var2*2 输出结果：b'PythonPython'
[i]	通过索引i获取一个字节	var2[1] 输出结果 b'y'
[i:j]	截取字节序列中索引从i到j的部分	var2[0:4] 输出结果 b'Pyth'
[i:j:k]	获取索引从i到k范围内，步长k的字节	var2[0:4:2] 输出结果为 b'Pt'
in	成员运算符，如果字节序列中包含给定的字节序列，则返回True（大小写敏感），否则返回False	b'P' in var2 输出结果为 True
not in	成员运算符，如果字节序列中不包含给定的字节序列，则返回 True（大小写敏感），否则返回False	b'P' not in var2 输出结果为 False

3.3.4.3 常用字节序列操作函数

由于bytes类型和字符串类型一样，属于不可变的变量类型，所以两者的操作函数几乎一模一样。而bytearray类型变量是可以修改的一种数组，所以bytearray类型要比bytes类型多一些增删方面的函数。表3-12列出了常用字节序列操作函数。

表3-12　常用字节序列操作函数

序号	函数
1	capitalize() 把第一个字符转换为大写，其他为小写
2	center(width[, fillchar]) 返回一个width指定的宽度（长度）的字节串，fillchar为填充的字节符，默认为空格，原字节串居中。如果width小于等于字节串长度，则直接返回，不做填充。注意：fillchar必须是长度为1的字节串类型，不是字符串类型
3	clear() 清空所有元素，使之成为空数组，返回值为None。本函数不适用于bytes类型
4	copy() 浅复制内容，返回复制后的变量。本函数不适用于bytes类型
5	count(sub[, start[, end]]) 返回sub在字节序列对象里面出现的次数，如果指定了start或者end，则返回指定范围内sub出现的次数
6	decode(encoding='utf-8', errors='strict') 返回以encoding指定的编码格式进行解码的字符序列。如果出错，默认报一个UnicodeDecodeError异常。encoding支持多种编码格式，包括gb2312、gbk、gb18030、big5等，甚至还可以自定义编码
7	endswith(suffix[, start[, end]]) 检查字节序列是否以suffix结束，或者检查字节序列中一段（通过start和end指定）是否以suffix结束，如果是则返回True，否则返回False
8	expandtabs(tabsize=8) 返回一个字节序列的拷贝，并把其中的tab符号转为空格(tab符号默认的空格数是8)
9	extend(iterable_of_ints) 在字节序列末尾一次性追加另一个可迭代对象iterable_of_ints中的多个元素，返回值为None。注意iterable_of_ints中的元素必须符合bytes类型的要求，由0～255的整数或纯粹的ASCII字符组成。本函数不适用于bytes类型
10	find(sub[, start[, end]]) 检测sub是否包含在字节序列中，或是否包含在字节序列中的某一个指定范围内，如果在，则返回开始位置的索引值，否则返回-1
11	fromhex(string) 将一个十六进制数字组成的字符串序列（可保护空格）生成一个字节序列 例如：bytearray.fromhex('B9 01EF') -> bytearray(b' \\xb9\\x01\\xef')
12	hex() 从字节序列创建一个十六进制的字符串 例如：bytearray([0xb9, 0x01, 0xef]).hex() -> 'b901ef'

序号	函数
13	index(sub[, start[, end]]) 跟find()方法类似，区别是如果sub不在字符串中，则报一个异常
14	insert(index, item) 在下标为index的位置插入新的元素item。原下标位置的元素向后推移，返回值为None item必须是0～256范围内的整数。本函数不适用于bytes类型
15	isalnum() 如果字节序列中至少有一个字符，并且所有字符都是字母或数字，则返回True，否则返回False
16	isalpha() 如果字节序列中至少有一个字符，并且所有字符都是字母，则返回True，否则返回 False
17	isdigit() 如果字节序列中只包含数字，则返回True，否则返回False。函数对Unicode数字、单字节数字、全角数字（双字节）、罗马数字均返回True，而汉字数字会返回False
18	islower() 如果字节序列中包含至少一个区分大小写的字符，并且所有这些区分大小写的字符都是小写，则返回True，否则返回 False
19	isspace() 如果字节序列中只包含空白，则返回 True，否则返回 False
20	istitle() 如果字节序列是标题化的［参见 title()］，则返回 True，否则返回 False
21	isupper() 如果字节序列中包含至少一个区分大小写的字符，并且所有这些区分大小写的字符都是大写，则返回True，否则返回 False
22	join(iterable_of_bytes) 以字节序列作为分隔符，将可迭代序列iterable_of_bytes中所有元素(字节串类型)合并为一个新的字节序列
23	ljust(width[, fillchar]) 将fillchar字节符（默认为空格）填充至原字节串右边，填充后总长度为 width。如果指定的长度width小于原字节序列的长度，则返回原字节序列
24	lower() 把字节序列中所有大写字符转换为小写
25	lstrip(bytes=None) 截掉字节序列左边的指定字节序列bytes，如果bytes参数省略，则截掉空格这一ASCII字符
26	pop([index=-1]) 移除字节序列列表中的一个元素（默认最后一个元素），并且返回该元素的值。如果index超出下标范围，则引发IndexError异常。本函数不适用于bytes类型
27	remove(value) 移除字节序列列表中某个值的第一个匹配项，返回值为None。如果没有找到，会触发一个ValueError异常。本函数不适用于bytes类型

序号	函数
28	maketrans(frm, to) 创建字节映射的转换表。 参数frm和to是长度相等的字节序列，其中frm表示需要转换的字节序列，to表示转换的目标序列。返回结果为bytes类型变量。maketrans()的结果会传递给translate()函数
29	replace(old, new [, count=-1]) 把字节序列中的old字节段替换成new字节段；如果有count指定，则替换不超过count次
30	reverse() 反向排列字节序列中元素的顺序，返回值为None。本函数不适用于bytes类型
31	rfind(sub, beg=0,end=len(string)) 类似于find()函数，不过是从右边开始查找
32	rindex(str, beg=0, end=len(string)) 类似于index()，不过是从右边开始
33	rjust(width,[, fillchar]) 将fillchar字符（默认为空格）填充至原字节序列的左侧，使总长度为 width。如果指定的长度width小于原字节序列的长度，则返回原字节序列
34	rstrip([bytes=None]) 截掉原字节序列右边的指定字节序列，如果bytes省略，则去除空格序列
35	split(sep=None, maxsplit=-1) 返回一个分割后的列表类型变量。 sep为分隔符，如果没有指定或者指定为None，则任何空白字符，如空格、换行符、制表符等均作为分隔符；maxsplit表示分割次数，如果此参数存在，则分隔成 maxsplit +1 个子字符串
36	splitlines([keepends=False]) 对字节序列用换行符('\r', '\r\n', '\n')分隔，返回一个以各行内容作为元素的列表。如果参数 keepends为False，则元素中不包含换行符，如果为 True，则保留换行符
37	startswith(prefix[, start[, end]]) 检查字节序列是否是以 prefix开头，是则返回 True，否则返回 False。如果指定了start和end，则在指定范围内检查
38	strip([bytes=None]) 在字符串上执行lstrip()和rstrip(),返回处理后的结果
39	swapcase() 将原字节序列中的大写字符转换为小写，小写字符转换为大写
40	title() 所有单词以大写开始，其余字母均为小写［见 istitle()］
41	translate(table) 根据参数table转换字节序列。其中table翻译表是通过maketrans()方法创建的
42	upper() 把原字节序列中的小写字符全部转换为大写
43	zfill(width) 返回长度为 width 的新字节序列，原字节序列内容右对齐，前面填充0。如果width不大于原字节序列的长度，则返回原字节序列

3.3.5　Tuple元组

元组是一种不可变数据类型，可通过迭代器访问。

3.3.5.1　创建元组变量

tuple 元组使用小括号把各种元素包括起来，元组变量一旦建立，其中的元素就不能修改了。元组变量也是一种对象，所以创建元组变量的方式也有两种：

① 使用圆括号直接赋值；

② 使用元组构造函数 tuple() 创建。

举例如下：

```
1.
2.  # 列出同学名字
3.  tpClassMates = ("张三", "李四", "Jack", "OWen", "王小二", "李聘")  #1小括号直接赋值
4.  tp1 = ()    #2 创建了一个空的元组
5.  tp2 = (1,)  #3 创建了一个元素的元组，注意这个元素后面的逗号
6.
7.  # 构造函数创建
8.  tp3 = tuple();  #4 无参数构造函数创建一个空元组
9.  tp4 = tuple("Hello, Python")  #5 构造函数创建，参数为一个字符串
10. tp5 = tuple("今天是星期天")    #6 构造函数创建，参数为一个字符串
11.
12. print(tpClassMates)
13. print(tp1)
14. print(tp2)
15. print(tp3)
16. print(tp4)
17. print(tp5)
18.
```

这段程序的输出结果为：

```
1.
2.  ('张三', '李四', 'Jack', 'OWen', '王小二', '李聘')
3.  ()
4.  (1,)
5.  ()
6.  ('H', 'e', 'l', 'l', 'o', ',', ' ', 'P', 'y', 't', 'h', 'o', 'n')
7.  ('今', '天', '是', '星', '期', '天')
8.
```

要创建一个空元组（没有任何元素），可以通过圆括号直接赋值实现，也可以通过无参构造函数 tuple() 实现。

定义只有一个元素的元组，这个元素后面一定要有一个逗号，这是因为在 Python 中，圆括号 () 既可以表示 tuple 元组，又可以表示数学中的圆括号运算符，为了避免产生歧义，这个唯一元素后面必须加一个逗号。

元组变量中的元素类型可以不同，可同时包含整数、浮点数、字符串、列表、集合等等，即构成一个"复合型"元组变量，如下面的语句：

```
tpVar = (1, 2, 3, 'string', ['name', 'sex'], ('Changer', 'man'), 7-9j)
```

"复合型"元组变量中的某些特定元素是可以改变的，如列表，可以改变列表中所包含的内容，从而间接"改变"了元组变量。

3.3.5.2　元组变量的操作

元组实际上是一个元素的序列，对元组元素的访问是通过方括号指定其下标（索引号）或下标范围来完成的，索引号从 0 开始，用 −1 表示末尾元素的索引号，如图 3-3 所示。

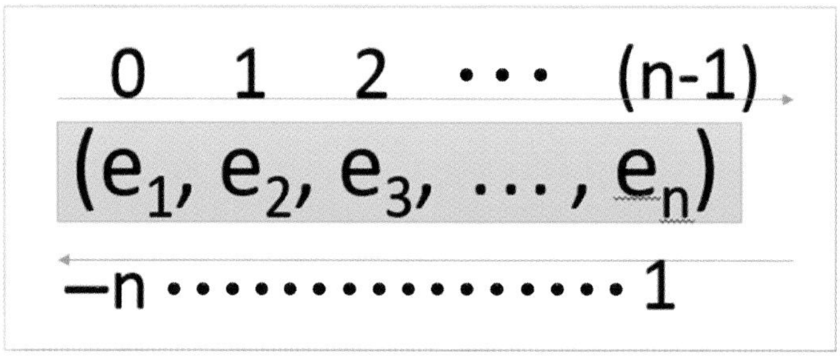

图3-3　元组变量索引示意图

获取元组元素或元素片段的格式如下：

- 变量[下标]：获取一个元素；
- 变量[头下标:尾下标]：获取一段元素。注意结果不包括尾下标索引位置的元素。

例：

```
1.
2.  # 列出同学名字
3.  tpClassMates = ("张三", "李四", "Jack", "OWen", "王小二", "李聃") #1小括号直接赋值
4.  tpMathScores  = (69, 98, 58, 100, 77, 81)  # 同学数学成绩
5.
6.  print ("tpClassMates[1] : ", tpClassMates[1])
7.  print ("tpClassMates[-5]: ", tpClassMates[-5])
8.  print ("tpMathScores[1:5]: ", tpMathScores[1:5])
9.
```

输出结果为：

```
1.
2. myClassMates[1]：  李四
3. myClassMates[-5]：  李四
4. mathScores[1:5]:  (98, 58, 100, 77)
5.
```

使用加号"+"可进行两个元组的连接组合，如：

```
1.
2. # 列出同学名字
3. myClassMates = ("张三", "李四", "Jack", "Owen", "王小二", "李聃") #1小括号直接赋值
4. mathScores   = (69, 98, 58, 100, 77, 81)  # 同学数学成绩
5.
6. allInfo = myClassMates + mathScores;
7.
8. print ("All Info : ", allInfo)
9.
```

输出结果为：

```
1.
2. All Info : ('张三', '李四', 'Jack', 'Owen', '王小二', '李聃', 69, 98, 58, 100, 77, 81)
3.
```

另外，如果要复制元组元素，可使用"*"操作符。例如：

```
1.
2. # 列出同学名字
3. myClassMates = ("张三", "李四", "Jack", "Owen", "王小二", "李聃") #1小括号直接赋值
4. mathScores   = (69, 98, 58, 100, 77, 81)  # 同学数学成绩
5.
6. reScores = mathScores * 2  # 2为复制次数
7.
8. print ("Repeat Scores: ", reScores)
9.
```

输出结果为：

```
1.
2. Repeat Scores:  (69, 98, 58, 100, 77, 81, 69, 98, 58, 100, 77, 81)
3.
```

3.3.5.3　常用元组操作函数

元组的操作函数比较少，常用的见表3-13。

表3-13　常用元组操作函数

序号	函数说明
1	count(value) 返回元组中的值value出现的次数
2	index(value, [start=0, [stop]]) 返回元组中第一次出现value的位置（下标值）。如果没有找到，则报一个异常。如果指定了start和stop，则在指定范围内搜索；如果没有找到，则引发ValueError异常

下面几个函数是内嵌的全局函数：
① len(tuple)：返回元组变量元素的个数，即元组变量的长度。
② max(tuple)：返回元组变量中元素的最大值。
③ min(tuple)：返回元组变量中元素的最小值。

3.3.6　List列表

List列表和元组一样，也是一种可迭代的序列数据类型（可通过迭代器访问）。与元组不一样的地方是列表中元素的内容可以变化，元素的个数也可以变化，所以列表有很多操作函数。

3.3.6.1　创建列表变量

列表中的元素可以是数字、字符串、嵌套列表、元组等。列表元素列在方括号之间。用逗号分隔开。

创建列表变量的方式也有两种：通过方括号[]直接赋值创建或使用列表构造函数list()创建。

例：

```
1.
2.  # 列出同学名字
3.  lstClassMates = ["张三", "李四", "Jack", "OWen", "王小二", "李聃"] #1 中括号直接赋值
4.  lstMathScores = [69, 98, 58, 100, 77, 81]     # 同学数学成绩
5.  lst1 = []     #2 创建了一个空的列表
6.  lst2 = [1,]   #3 创建了一个元素的列表，注意这个元素后面的逗号可有可无！
7.
8.  # 构造函数创建
9.  lst3 = list();  #4 无参数构造函数创建一个空列表
10. lst4 = list("Hello, Python")   #5 构造函数创建，参数为一个字符串
11. lst5 = list("今天是星期天")      #6 构造函数创建，参数为一个字符串
```

```
12.
13. print(lstClassMates)
14. print(lstMathScores)
15. print(lst1)
16. print(lst2)
17. print(lst3)
18. print(lst4)
19. print(lst5)
20.
```

这段程序的输出结果为：

```
1.
2. ['张三', '李四', 'Jack', 'OWen', '王小二', '李聃']
3. [69, 98, 58, 100, 77, 81]
4. []
5. [1]
6. []
7. ['H', 'e', 'l', 'l', 'o', ',', ' ', 'P', 'y', 't', 'h', 'o', 'n']
8. ['今', '天', '是', '星', '期', '天']
9.
```

可以看出，除了方括号和圆括号的区别，建立列表变量和元组变量的方式是一样的。但定义只有一个元素的列表时，这个元素后面的逗号不是必需的，这点和元组变量不同。

3.3.6.2 列表变量的操作

列表元素的访问方法与元组一样，只是通过方括号指定其下标或下标范围来进行的，见图3-4。

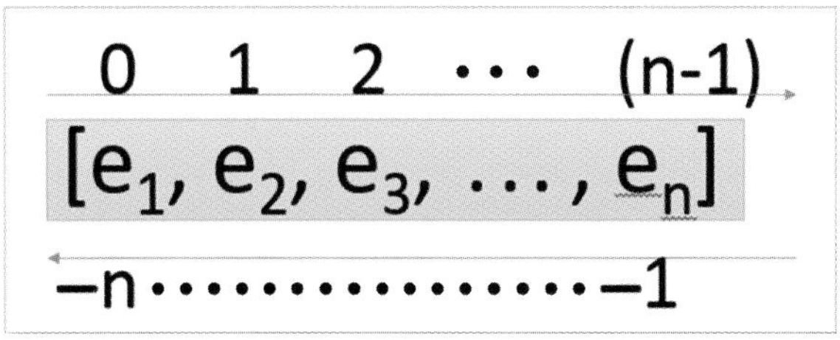

图3-4 列表变量索引示意图

例如：

```
1.
2. # 列出同学名字
```

```
3.  lstClassMates = ["张三", "李四", "Jack", "OWen", "王小二", "李聃"] #1 中括号直接赋值
4.  lstMathScores = [69, 98, 58, 100, 77, 81]      # 同学数学成绩
5.
6.  print ("lstClassMates[1] : ", lstClassMates[1])
7.  print ("lstClassMates[-5]: ", lstClassMates[-5])
8.  print ("lstMathScores[1:5]: ", lstMathScores[1:5])
9.
```

输出结果为：

```
1.
2.  lstClassMates[1] :   李四
3.  lstClassMates[-5]:   李四
4.  lstMathScores[1:5]:  [98, 58, 100, 77]
5.
```

列表内容是可以改变的，修改方式是直接对指定下标的元素赋予新的数据，新数据的类型与原来数据类型可以不同。例如：

```
1.
2.  #列举几个公司
3.  lstTest = ["Baidu", "Google", "FaceBook", "IBM"]   #第一个为国内公司
4.  print("Before: ", lstTest);
5.
6.  # 把第一个公司改为 SAP （国外的）
7.  lstTest[0] = "SAP"   # 赋予新的数值
8.  print("After : ", lstTest);
9.
```

输出结果为：

```
1.
2.  Before:  ['Baidu', 'Google', 'FaceBook', 'IBM']
3.  After :  ['SAP', 'Google', 'FaceBook', 'IBM']
4.
```

可使用加号 "+" 实现两个列表的组合，如：

```
1.
2.  # 列出同学名字
3.  lstClassMates = ["张三", "李四", "Jack", "OWen", "王小二", "李聃"] #1小括号直接赋值
```

```
4.  lstMathScores = [69, 98, 58, 100, 77, 81]   # 同学数学成绩
5.
6.  allInfo = lstClassMates + lstMathScores;
7.
8.  print ("All Info : ", allInfo)
9.
```

输出结果为：

```
1.
2.  All Info :  ['张三', '李四', 'Jack', 'OWen', '王小二', '李聃', 69, 98, 58, 100, 77, 81]
3.
```

元素复制同样使用"*"操作符，例如：

```
10.
11. lstMathScores = [69, 98, 58, 100, 77, 81]   # 同学数学成绩
12.
13. reScores = lstMathScores * 2   # 复制次数
14.
15. print ("Repeat Scores: ", reScores)
16.
```

输出结果为：

```
4.
5.  Repeat Scores:  [69, 98, 58, 100, 77, 81, 69, 98, 58, 100, 77, 81]
6.
```

3.3.6.3 列表常用操作函数

表3-14展示了列表常用操作函数。

表3-14　列表常用操作函数

序号	函数说明
1	append(object) 在列表末尾添加新的对象，相当于a[len(a):] = object。返回值为None
2	clear() 清空列表，类似于 del lst[:]，返回值为None
3	copy() 浅复制列表，返回复制后的新列表

序号	函数说明
4	count(value) 返回某个元素value在列表中出现的次数
5	extend(iterable) 在列表末尾一次性追加另一个序列（可以是字符串、元组、列表、集合等序列）中的多个值（扩展原来的列表），返回值为None
6	index(value, [start, [stop]]) 返回某个值value在列表中的第一个匹配项的索引位置；如果指定start和stop，则搜索指定范围；如果没有找到，会触发一个ValueError异常
7	insert(index, object) 在下标为index的位置插入新的元素object。原来下标处的元素向后推移，返回值为None。
8	pop([index=-1]]) 移除列表中的一个元素（默认最后一个元素），并且返回该元素的值。如果index超出下标值范围，则引发IndexError异常
9	remove(value) 移除列表中某个值的第一个匹配项，返回值为None。如果没有找到，会触发一个ValueError异常
10	reverse() 反向排列列表中元素，返回值为None
11	sort(cmp=None, key=None, reverse=False) cmp：可选参数，如果指定了该参数，则使用该参数代表的方法进行排序，否则按照Python默认的字典方法排序 key：用来进行比较的元素 reverse：排序规则，reverse = True 降序，reverse = False 升序（默认） 该方法返回值为None，但是会对列表进行排序

下面几个函数是内嵌的全局函数，对列表对象通用：

① len(list)：返回列表变量元素的个数，即列表的长度。

② max(list)：返回列表变量中元素最大值。

③ min(list)：返回列表变量中元素最小值。

3.3.7 Set集合

在Python中，集合是一个无序且无重复元素的对象，集合中的元素可以是不同的类型，并且可以增加、删除某个元素；集合的元素必须是不可变数据类型，因此像列表list、字典dict等类型不能作为集合的元素。

3.3.7.1 创建集合变量

集合变量也是一种对象，创建方式如下：

① 使用"{value1,value2,...}"方式直接赋值，注意大括号内不能为空。

② 使用集合构造函数set()。

注意：创建一个空集合必须用set()，而不是{ }，因为{ }是用来创建一个空字典的，字典也是一种数据类型，后面会讲到。

请看下面实例：

```
1.
2.  #1 {}方式
3.  setFruits = {"pear", "apple", "orange", "peach", "kiwifruit"} # 购买的水果种类
4.
5.  #2 参数也可以为列表list，字符串等，这里是元组tuple
6.  setClasses = set(("物理", "化学", "数学", "语文", "英语", "体育")) # 构造函数创建集合
7.
8.  #3 无参构造函数，创建空集合
9.  setVoid = set();
10. # setVoid = {}   # 不能这样创建，Python规则这种方式创建了一个空的字典类型
11.
12.
13. #注意以下方法的区别
14. set1 = {"中美贸易战的后果"}
15. set2 = set("中美贸易战的后果")
16.
17.
18. #4 创建复合(混合)集合
19. set3 = {1.0, 23, "Hello Python", (1,2,3)}
20.
21. #集合不能包含可改变的元素，比如列表等。
22. #下面这个语句会产生一个异常: TypeError: unhashable type: 'list'
23. #my_set = {1, 2, [3, 4]}    # [3,4] 是一个列表对象!
24.
25. #5 但是可以把列表对象传给set() 构造函数。
26. #   相当于从一个列表构造一个集合变量
27. set4 = set([1, 1, 2, 3, 2])
28.
29.
30. print("setFruits: ", setFruits);
31. print("setClasses: ", setClasses);
32. print("空集合: ", setVoid);
```

```
33. print("set1: ", set1);
34. print("set2: ", set2);
35. print("set3: ", set3)
36. print("set4: ", set4)
37.
```

输出结果如下：

```
1.
2.  setFruits: {'apple', 'pear', 'orange', 'kiwifruit', 'peach'}
3.  setClasses: {'数学', '语文', '英语', '化学', '物理', '体育'}
4.  空集合： set()
5.  set1: {'中美贸易战的后果'}
6.  set2: {'贸', '中', '易', '后', '的', '美', '果', '战'}
7.  set3: {1.0, (1, 2, 3), 'Hello Python', 23}
8.  set4: {1, 2, 3}
9.
```

需要强调几点：

① 集合中的元素是无序的，如果运行上面的程序多次，会发现一个集合变量的元素输出顺序是变化的；

② 空集合变量只能通过无参构造函数来创建；

③ 如果把一个字符串对象提供给构造函数，则构造函数首先会以字符为单位把字符串分解、去重，然后以每个字符作为集合的元素。

3.3.7.2　集合变量的操作

由于集合变量中的元素是无序的，所以不能像其他数据类型那样通过索引访问。访问集合中的某个元素实际上就是判断这个元素是否在这个集合中。Python是通过in操作符来判断的，如：

```
1.
2.  # 学生可以申请的学课
3.  setClasses = set(("物理", "化学", "数学", "语文", "英语", "体育")) # 构造函数创建集合
4.
5.
6.  # 判断"艺术"是否在课程集合中？
7.  txArt = "艺术"
8.  flag = txArt in setClasses;
9.  print( txArt,"是否存在：", flag);
```

```
10.
11.
12.  # 判断"语文"是否在课程集合中?
13.  txLang = "语文"
14.  flag = txLang in setClasses;
15.  print( txLang,"是否存在: ", flag);
16.
```

输出结果如下：

```
1.
2.  艺术 是否存在: False
3.  语文 是否存在: True
4.
```

3.3.7.3　常用集合操作

1）集合的增删

可以通过add函数为一个集合增加一个元素，并自动去重。add函数会把输入的参数当做一个整体来看待；Add函数的参数必须是可散列的（hashable），即必须唯一且固定不变，不可修改，因此整型（integer）、字符串（string）和元组（tuple）可以作为它的参数，而列表类、集合类等对象不能作为它的参数，否则会出现"TypeError: unhashable type"。

可以通过update函数为一个集合添加多个元素，update函数会把输入参数分解为最小元素，去重后添加到集合变量中。update函数可以有多个参数，每个参数必须是可迭代的对象，如元组、列表、字符串、集合等。

下面我们通过实例来说明：

```
1.
2.   # 初始化变量
3.   setTest = {1, 3}
4.   print("初始元素 : ", setTest)
5.
6.   # 通过add()函数，添加一个元素
7.   setTest.add(2)
8.   print("add()添加: ", setTest)
9.
10.  setTest.add((2,3)) # 作为一个整体元素
11.  print("add()添加: ", setTest)
12.
```

```
13.
14. # 通过update()函数，一次添加多个元素
15. setTest.update([2,3,4], [1,1,1])  # 分解为最小元素，去重添加
16. print("update()添加：", setTest)
17.
```

输出结果如下：

```
1.
2.  初始元素 ： {1, 3}
3.  add()添加： {1, 2, 3}
4.  add()添加： {1, 2, 3, (2, 3)}
5.  update()添加： {1, 2, 3, 4, (2, 3)}
6.
```

通过discard()或remove()函数可以去除一个元素。这两个函数的唯一区别是：如果去除的元素不存在，discard()会保持不变，不会返回任何异常，而remove()会引发一个KeyError。

另外，也可以通过pop()函数去除一个元素，并返回此元素。不过由于集合变量是无序的，所有通过pop()函数返回的元素完全是随机的。

2）集合的运算

（1）集合的并集(Union)

两个集合变量的并集如图3-5所示。

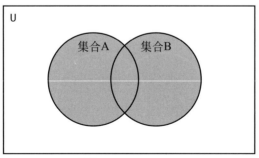

图3-5 集合变量的并集

在Pyton中，使用操作符"|"或者union()函数进行集合的并集运算。如：

```
1.  # 初始化变量setA 和 SetB
2.  setA = {1, 2, 3, 4, 5}
3.  setB = {4, 5, 6, 7, 8}
4.
5.
6.  # setA和setB 进行并集运算
```

```
7.  setC1 = setA | setB
8.  setC2 = setA.union(setB)
9.
10. print("setA: ", setA)
11. print("setB: ", setB)
12. print("setC1: ", setC1)
13. print("setC2: ", setC2)
14.
```

输出结果如下：

```
1.
2.  setA:  {1, 2, 3, 4, 5}
3.  setB:  {4, 5, 6, 7, 8}
4.  setC1:  {1, 2, 3, 4, 5, 6, 7, 8}
5.  setC2:  {1, 2, 3, 4, 5, 6, 7, 8}
6.
```

（2）集合的交集(Intersection)

图3-6展示了两个集合变量的交集。

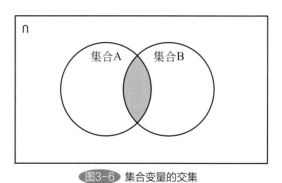

图3-6 集合变量的交集

在 Python 中，用操作符"&"或 intersection() 函数进行两个集合的交集运算。如：

```
1.
2.  # 初始化变量setA 和 SetB
3.  setA = {1, 2, 3, 4, 5}
4.  setB = {4, 5, 6, 7, 8}
5.
6.
7.  # setA和setB 进行交集运算
8.  setC1 = setA & setB
```

```
9.  setC2 = setA.intersection(setB)
10.
11. print("setA: ", setA)
12. print("setB: ", setB)
13. print("setC1: ", setC1)
14. print("setC2: ", setC2)
15.
```

输出结果如下：

```
1.
2.  setA:  {1, 2, 3, 4, 5}
3.  setB:  {4, 5, 6, 7, 8}
4.  setC1:  {4, 5}
5.  setC2:  {4, 5}
6.
```

（3）集合的差集(Difference)

图3-7展示了两个集合变量的差集。

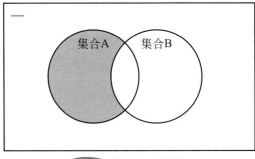

图3-7 集合变量的差集

Pyton中使用操作符"-"或者difference ()函数进行集合变量的差集运算。如：

```
1.
2.  # 初始化变量setA 和 SetB
3.  setA = {1, 2, 3, 4, 5}
4.  setB = {4, 5, 6, 7, 8}
5.
6.
7.  # setA和setB 进行差集运算
8.  setC1 = setA - setB
9.  setC2 = setA.difference(setB)
```

```
10.
11. print("setA: ", setA)
12. print("setB: ", setB)
13. print("setC1: ", setC1)
14. print("setC2: ", setC2)
15.
```

输出结果如下：

```
1.
2. setA: {1, 2, 3, 4, 5}
3. setB: {4, 5, 6, 7, 8}
4. setC1: {1, 2, 3}
5. setC2: {1, 2, 3}
6.
```

（4）集合的对称差集（Symmetric Difference）

图3-8展示了两个集合变量的对称差集。

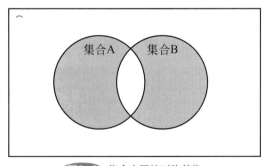

图3-8 集合变量的对称差集

对称差集的结果是在两个集合的并集元素中去掉两个集合的交集元素，即(setA|setB) – (setA&setB)。在 Pyton 中使用操作符"^"或者 symmetric_difference () 函数进行集合变量的对称差集运算。如：

```
1.
2. # 初始化变量setA 和 SetB
3. setA = {1, 2, 3, 4, 5}
4. setB = {4, 5, 6, 7, 8}
5.
6.
7. # setA和setB 进行对称差集运算
8. setC1 = setA ^ setB
```

```
9.  setC2 = setA.symmetric_difference(setB)
10.
11.
12. print("setA: ", setA)
13. print("setB: ", setB)
14. print("setC1: ", setC1)
15. print("setC2: ", setC2)
16.
```

输出结果如下：

```
1.
2.  setA:  {1, 2, 3, 4, 5}
3.  setB:  {4, 5, 6, 7, 8}
4.  setC1:  {1, 2, 3, 6, 7, 8}
5.  setC2:  {1, 2, 3, 6, 7, 8}
6.
```

3.3.7.4　常用集合操作函数

表3-15列举了常用的集合操作函数。

表3-15　常用的集合操作函数

序号	函数说明
1	add() 向集合中添加一个元素，返回值为None
2	clear() 清空集合所有元素，使其成为空集合，返回值为None
3	copy() 浅复制集合，返回复制后的新集合。若使用等号"="，则为深复制
4	difference(set) 返回两个集合的差集
5	difference_update(set) 使用两个集合的差集进行更新（全量更新），返回值为None
6	discard(value) 删除一个元素，如果元素不存在，不会引发异常，直接返回
7	intersection (set) 返回两个集合的交集，原集合保持不变
8	intersection_update(...) 括号中可以包含多个参数，以各个参数所指的所有集合的交集进行更新，返回值为None

续表

序号	函数说明
9	isdisjoint(set) 如果两个集合没有任何交集，则返回True；否则返回False
10	issubset(set) 如果集合是参数所指的集合的子集，则返回True；否则返回False
11	issuperset (set) 如果集合是参数所指的集合的超集，则返回True；否则返回False
12	pop(value) 去除一个元素，并返回此元素，如果集合为空，则引发KeyError异常
13	remove() 去除一个元素，并返回此元素，如果元素不存在，则引发KeyError异常
14	symmetric_difference() 返回对称差集，原来的集合保持不变
15	symmetric_difference_update() 以两个集合的对称差集更新原集合，返回值为None
16	union() 返回两个集合的并集
17	update(object) 使用参数object指定的集合中的元素进行更新，类似于union()函数，但是参数object可以是任何可迭代对象。该方法返回值为None 注意：update()会把object对象进行分解为最小元素

另外还有一种集合：frozenset，除了不能增加、删除元素外，其他功能和set类似，这里不再详述。

3.3.8　Dictionary字典

字典是一种可变容器类型，可以存储任意类型的对象。字典类型变量使用键值对的方式来存储元素项，非常类似于C/C++、Java等语言中的map类型。

字典是一种无序容器，所以无法通过下标来访问其中的元素，但可以通过键值快速访问。在一个键值对元素中，值（value）可以是任何数据类型，且允许重复。但是键（key）只能是不可变的数据类型（字符串、数值类型或者元组），并且不能重复；每个键值对中，键与值之间用冒号连在一起，键值对之间用逗号分隔。当使用元组做键时，元组中只能包含字符串和数字，如果元组直接或间接包含了可变对象，就不能当做键。

3.3.8.1　创建字典变量

创建字典变量的方式也有两种，分别是：
① 使用 "{key1:value1, key2:value2, ...}" 方式直接赋值；
② 使用字典构造函数 dict() 创建。

请看下面实例：

```
1.
2.  ## 下面几种方式，创建的结果是一样的
3.
4.  #1 { }方式创建字典对象
5.  dkt1 = {'one': 1, 'two': 2, 'three': 3}
6.
7.  #2 构造函数方式创建字典对象
8.  dkt2 = dict(one=1, two=2, three=3)   # 注意键值的写法
9.  dkt3 = dict([('one', 1), ('two', 2), ('three', 3)])
10. dkt4 = dict({'one': 1, 'two': 2, 'three': 3, })
11.
12.
13. #3 创建一个空字典变量
14. dkt5 = {}        # 注意和创建空集合set类型的不同...
15. dkt6 = dict();
16.
17. print("字典1：", dkt1)
18. print("字典2：", dkt2)
19. print("字典3：", dkt3)
20. print("字典4：", dkt4)
21. print("字典5：", dkt5)
22. print("字典6：", dkt6)
23.
```

输出结果为：

```
1.
2.  字典1： {'one': 1, 'two': 2, 'three': 3}
3.  字典2： {'one': 1, 'two': 2, 'three': 3}
4.  字典3： {'one': 1, 'two': 2, 'three': 3}
5.  字典4： {'one': 1, 'two': 2, 'three': 3}
6.  字典5： {}
7.  字典6： {}
8.
```

如果在给一个字典变量赋值时出现了相同的键（key），Python会自动去重（不会引发异常），只保留最后出现的键；键名是大小写敏感的。如：

```
1.
2.  # "张三"键值出现两次，保留最后一次
3.  dkt1 = {"张三":69, "李四":98, "Jack":58, "张三":81, "jack":58}
4.  print(dkt1)
5.
```

输出结果为：

```
1.
2.  {'张三': 81, '李四': 98, 'Jack': 58, 'jack': 58}
3.
```

3.3.8.2　字典变量的操作

1）根据键名（key）访问键值（value）

有两种方式：直接通过[key]方式访问或通过字典的get()函数访问，这两种方式的不同之处在于：如果输入的键名不存在，get()函数会返回"None"，而[key]方式会引起一个KeyError异常错误。例：

```
1.
2.  # 创建一个同学数学分数的字典
3.  dkt1 = {"张三":69, "李四":98, "Jack":58, "OWen":100, "王小二":77, "李聃":81}
4.
5.  # 获取"Jack"的分数
6.  mathScore1 = dkt1["Jack"]
7.  mathScore2 = dkt1.get("Jack")
8.
9.  mathScore3 = dkt1.get("风清扬")   # 风清扬 不存在
10.
11. print(dkt1)
12. print("[]    获取Jack的分数： ", mathScore1)
13. print("get() 获取Jack的分数： ", mathScore2)
14. print("get() 获取"风清扬"的分数： ", mathScore3)
15.
```

输出结果为：

```
1.
2.  {'张三': 69, '李四': 98, 'Jack': 58, 'OWen': 100, '王小二': 77, '李聃': 81}
3.  []    获取Jack的分数： 58
```

```
4.  get()  获取Jack的分数:    58
5.  get()  获取"风清扬"的分数:    None
6.
```

2）修改字典内容

修改字典内容可以通过赋值操作符 "=" 来实现。如果键已经存在，则更新相应的键值；如果键不存在，则添加这个键值。如：

```
1.
2.  # 创建一个同学数学分数的字典
3.  dkt1 = {"张三":69, "李四":98, "Jack":58, "王小二":77, "李聃":81}
4.  print("初始: ", dkt1);
5.
6.  # 更新张三的分数为79
7.  dkt1["张三"] = 79
8.  print("更新: ", dkt1);
9.
10. # 添加
11. dkt1["风清扬"] = 99
12. print("添加: ", dkt1);
13.
```

输出结果为：

```
1.
2.  初始: {'张三': 69,'李四': 98,'Jack': 58,'王小二': 77,'李聃': 81}
3.  更新: {'张三': 79,'李四': 98,'Jack': 58,'王小二': 77,'李聃': 81}
4.  添加: {'张三': 79,'李四': 98,'Jack': 58,'王小二': 77,'李聃': 81,'风清扬': 99}
5.
```

3）删除字典元素

删除字典变量中的某个键值对，可以使用字典对象提供的pop()函数，或使用Python命令del。

若要清空字典变量内容，可使用字典对象的clear()函数，或用Python命令del，注意del会删除字典变量本身，使其不再存在。如：

```
1.
2.  # 创建一个同学数学分数的字典
3.  dkt1 = {"张三":69, "李四":98,"Jack":58,"OWen":100,"王小二":77,"李聃":81}
4.  print("初始: ", dkt1); print();
```

```
5.
6.  # pop()删除键值为"张三"的元素
7.  dkt1.pop("张三")
8.  print("pop()删除'张三': ", dkt1);
9.
10. # del删除键值为"李四"的元素
11. del dkt1["李四"]
12. print("del  删除'李四': ", dkt1);
13.
14. # clear()清空所有元素
15. dkt1.clear()
16. print("clear()清空所有: ", dkt1)
17.
18. # 删除变量
19. del dkt1
20. # print(dkt1)  # 会引起NameError错误
21.
```

输出结果为：

```
1.
2.  初始: {'张三': 69,'李四': 98,'Jack': 58,'OWen': 100,'王小二': 77,'李聃': 81}
3.
4.  pop()删除'张三': {'李四': 98,'Jack': 58,'OWen': 100,'王小二': 77,'李聃': 81}
5.  del  删除'李四': {'Jack': 58, 'OWen': 100, '王小二': 77, '李聃': 81}
6.  clear()清空所有:  {}
7.
```

需要注意的是：使用pop()函数和del命令时，如果指定的键key不存在，则会引起KeyError错误。

3.3.8.3 常用字典操作函数

表3-16列出了常用字典操作函数。

表3-16 常用字典操作函数

序号	函数说明
1	clear() 清空字典变量中的所有元素，使其成为一个空字典变量，返回值为None
2	copy() 浅复制字典变量，返回一个新的字典对象。对新字典变量的修改不会影响原来的字典变量。如果使用等号"="，则属于深度复制，对新变量的修改会影响到原来的变量

续表

序号	函数说明
3	fromkeys(iterable[, val=None]) 创建一个新字典变量，以可迭代序列iterable中的元素作为字典变量中的键key，val作为键值。如果val省略，则所有初始值为None
4	get(key[,default]) 返回键key的键值，如果键key不存在，则返回default键值。如果没有指定default，则返回None
5	items() 以列表形式返回可遍历的(键, 值) 元组，可使用tuple()函数转为元组对象
6	keys() 以列表形式返回字典变量中所有的键
7	pop(key[,default]) 删除字典变量中指定的键值对，返回值为被删除的键对应的键值。如果指定键key没有找到，则返回指定键值default，如果没有提供指定键值default，则当找不到指定键key时会引起KeyError错误
8	popitem() 随机返回字典中的一对键和值，同时在字典对象中删除这个键值对。如果字典为空，会引发KeyError错误
9	setdefault(key[,default]) 与get()函数类似。如果键不在字典变量中，则将其添加进去，并将键值设为指定值，返回这个指定键值。指定键值默认为None
10	update([other]) 使用other对象（字典对象或其他可迭代对象）更新当前对象，如果不指定参数，则没有任何影响。无返回值
11	values() 以列表形式返回字典变量中的所有键值，可使用list()转为列表对象

3.3.9 Range整数序列

range 是一种不可变数据类型，是一种等间隔整数序列，经常用于循环语句中，可通过迭代器访问。Range 对象可以通过 list() 函数转换为列表对象。

相对于列表 list、元组 tuple 类型来说，range 类型的优点是无论一个 range 变量包含多少个元素，它占用内存的大小始终不变，因为它仅仅保存了开始值、结束值以及步长。

3.3.9.1 创建range变量

在 Python 中，range 是一个类，创建 range 变量的方式是使用 range 构造函数，有两种构造函数：

```
1. range(stop)
```

```
2. range(start, stop[, step])
```

range()函数的参数必须是整数类型或者可以实现__index__()函数操作的类型。
各参数含义如下：

- ➤ start：开始值，正负均可；如果没指定，默认为0。
- ➤ stop：终止值，正负均可；这是一个必须指定的参数；序列里不含此值。
- ➤ step：步长值，正负均可，如果没指定，默认为1。不能为0，否则会引发ValueError
  异常。

如：

```
1.
2.  #1 构造函数只有一个参数
3.  rngVar1 = range(5)
4.  print("变量rngVar1类型:", type(rngVar1))
5.  print("变量rngVar1范围:", rngVar1)
6.  print("变量rngVar1元素:", list(rngVar1))
7.  print("-"*37)
8.
9.  #2 构造函数有两个参数
10. rngVar2 = range(-3, 5)   # 步长默认为1
11. print("变量rngVar2类型:", type(rngVar2))
12. print("变量rngVar2范围:", rngVar2)
13. print("变量rngVar2元素:", list(rngVar2))
14. print("-"*37)
15.
16. #3 构造函数有三个参数
17. rngVar3 = range(-3, 5, 2)
18. print("变量rngVar3类型:", type(rngVar3))
19. print("变量rngVar3范围:", rngVar3)
20. print("变量rngVar3元素:", list(rngVar3))
21. print("-"*37)
22.
23. #4 构造函数有三个参数，步长为负值
24. rngVar4 = range(9, 3, -2)   # 必须start>stop, 否则返回空对象
25. print("变量rngVar4类型:", type(rngVar4))
26. print("变量rngVar4范围:", rngVar4)
27. print("变量rngVar4元素:", list(rngVar4))
28. print("-"*37)
29.
```

这段程序的输出结果为：

```
1.
2.  变量rngVar1类型：<class 'range'>
3.  变量rngVar1范围：range(0, 5)
4.  变量rngVar1元素：[0, 1, 2, 3, 4]
5.  --------------------------------------
6.  变量rngVar2类型：<class 'range'>
7.  变量rngVar2范围：range(-3, 5)
8.  变量rngVar2元素：[-3, -2, -1, 0, 1, 2, 3, 4]
9.  --------------------------------------
10. 变量rngVar3类型：<class 'range'>
11. 变量rngVar3范围：range(-3, 5, 2)
12. 变量rngVar3元素：[-3, -1, 1, 3]
13. --------------------------------------
14. 变量rngVar4类型：<class 'range'>
15. 变量rngVar4范围：range(9, 3, -2)
16. 变量rngVar4元素：[9, 7, 5]
17. --------------------------------------
18.
```

3.3.9.2 常用range操作函数

range变量的元素也是通过用方括号指定下标的方式来获取，下标的索引值从 0 开始，而 -1 表示末尾的开始位置，如图3-9所示。

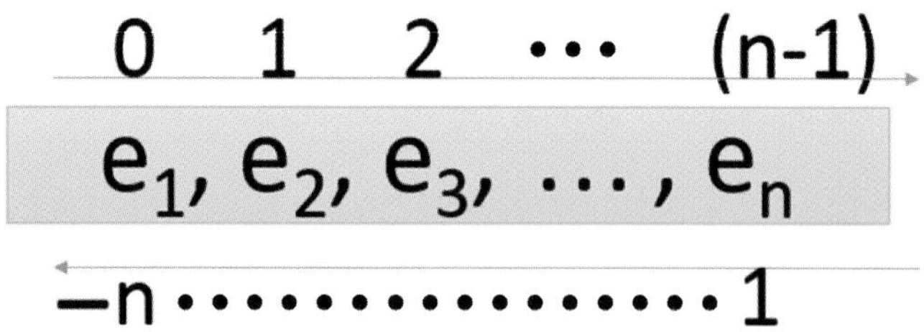

图3-9 range变量的元素索引示意图

获取变量中元素的格式如下：
① 变量[下标]：获取一个元素。
② 变量[头下标:尾下标]：获取一段元素，结果不包括尾下标索引位置的元素
请看下面的实例：

```
1.
2.  # 构造函数有两个参数
```

```
3.  rngVar = range(-3, 5)   # 步长默认为1
4.  print("变量rngVar元素:", list(rngVar))
5.  print("-"*37)
6.
7.  # 获取一个元素
8.  iIndex = 2;
9.  x = rngVar[iIndex]   # 返回一个整型
10. print(type(x))
11. print("第", iIndex+1, "个元素:", x)
12.
13. # 获取一段元素
14. iIndexEnd = 5
15. x = rngVar[iIndex:iIndexEnd]   # 返回一个range类型
16. print(type(x))
17. print(x)
18.
```

输出结果为：

```
1.
2.  变量rngVar元素: [-3, -2, -1, 0, 1, 2, 3, 4]
3.  -----------------------------------
4.  <class 'int'>
5.  第 3 个元素: -1
6.  <class 'range'>
7.  从 3 到 6 的元素: [-1, 0, 1]
8.
```

3.3.9.3　常用range操作函数

常用range操作函数见表3-17。

表3-17　常用range操作函数

序号	函数说明
1	count(value) 返回range变量中元素value出现的次数
2	index(value, [start=0, [stop]]) 　　返回range变量中元素value的索引号，如果没有找到，则报一个异常；如果指定了搜索的起点和终点（start和stop），则在指定范围内（不包括STOP位置）搜索，如果在指定范围内没有找到，则引发ValueError异常

下面几个全局函数同样适用于range对象：

① len(range)：返回range变量元素的个数；

② max(range)：返回range变量中最大元素；

③ min(range)：返回range变量中最小元素。

3.4　运算符和表达式

3.4.1　算术运算

Python中的算术表达式与其他语言基本一致，常用算术表达式见表3-18。

表3-18　常用算术表达式

运算符	表达式	描述
+	x+y	两个变量相加
-	x-y	两个变量相减
*	x*y	乘法，如果用在字符串、元组等类型上，返回一个重复变量内容若干次的新变量
/	x/y	除法，结果总是浮点数
**	x**y	幂计算，即x^y

另外再介绍两种算术运算表达式。

1）取整除法（//）

包括向上取整、向下取整、向零取整。向上取整时，所取整数大于实际值，如：

$$7.8//3==3.0$$
$$7.8//-3==-2.0$$

向下取整时，所取整数小于实际值，如：

$$7.8//3==2.0$$
$$-7.8//3==-3.0$$

向零取整时，所取整数的绝对值小于实际值的绝对值，如：

$$7.8//3==2.0$$
$$-7.8//3==-2.0$$

Python采用的是向下取整的方式，这点需要读者注意。

2）取模（%）

又称取余，计算两个变量取整除法（//）后的余数，计算公式为：

remainder = x - (x//y)*y，其中x为被除数，y为除数。

举例如下：

```
1.
2.  # 初始化x,y两个变量
3.  x = 7.8; y = 3
4.  print("x = ",x, "; y = ",y);
5.
6.  #1 利用 取整除法结果，计算取模结果
7.  qz = x//y
8.  rem1 = x - qz*y
9.  print("Method 1: ", rem1);
10.
11. #2 直接取模计算
12. rem2 = x%y
13. print("Method 2: ", rem2);
14.
15. # 判断结果
16. print("Method1==Methond2 ??", rem1==rem2)
17.
18. print();
19. # 改变x正负号，测试一下
20. x = (-1)*x
21. print("x = ",x, "; y = ",y);
22.
23. #3 利用 取整除法结果，计算取模结果
24. qz = x//y
25. rem1 = x - qz*y
26. print("Method 1: ", rem1);
27.
28. #4 直接取模计算
29. rem2 = x%y
30. print("Method 2: ", rem2);
31.
32. # 判断结果
33. print("Method1==Methond2 ??", rem1==rem2)
34.
```

```
35.
36. print();
37. # 再改变y正负号，测试一下
38. y = (-1)*y;
39. print("x = ",x, "; y = ",y);
40.
41. #5 利用 取整除法结果，计算取模结果
42. qz = x//y
43. rem1 = x - qz*y
44. print("Method 1: ", rem1);
45.
46. #6 直接取模计算
47. rem2 = x%y
48. print("Method1==Methond2 ??", rem1==rem2)
49.
50. # 判断结果
51. print(rem1==rem2)
52.
```

输出结果如下：

```
1.
2.  x =  7.8 ; y =  3
3.  Method 1:  1.7999999999999998
4.  Method 2:  1.7999999999999998
5.  Method1==Methond2 ?? True
6.
7.  x =  -7.8 ; y =  3
8.  Method 1:  1.2000000000000002
9.  Method 2:  1.2000000000000002
10. Method1==Methond2 ?? True
11.
12. x =  -7.8 ; y =  -3
13. Method 1:  -1.7999999999999998
14. Method1==Methond2 ?? True
15. True
16.
```

注意：在不同语言中，取模计算的方法可能不同。

3.4.2 关系运算符

关系运算符也称比较运算符，其结果为一般布尔值（True 或者 False），见表 3-19。

表3-19　关系运算符

运算符	表达式	描述	实例
==	x==y	等于:比较两个变量是否相等。变量可以为数值、字符、列表等各种类型	(13==13)==True; (13==12)==False
!=	x!=y	不等于：比较两个变量是否不相等。变量可以为数值、字符、列表等各种类型。也可以使用"<>"符号	(13!=13)==False;(13<>13)==False (13!=12)==True; (13<>12)==True
>	x>y	大于：判断变量x是否大于变量y。变量可以为数值、字符、列表等各种类型	(13>13)==False; (13>12)==True
<	x<y	小于：判断变量x是否小于变量y。变量可以为数值、字符、列表等各种类型	(13<13)==False; (13<12)==False
>=	x>=y	大于等于：判断x是否大于等于y。变量可以为数值、字符、列表等各种类型	(13>=13)==True; (13>=12)==True
<=	x<=y	小于等于：判断变量x是否小于等于变量y。变量可以为数值、字符、列表等各种类型	(13<=13)==True; (13<=12)==False

3.4.3 赋值运算

Python 中的赋值运算表达式见表 3-20。

表3-20　赋值运算表达式

运算符	表达式	描述	实例
=	x=y	直接赋值，y可以为一个表达式。赋值运算用途比较广，变量可以为数值、字符、列表等各种类型	x=13; x等于13 x=13+12; x等于25
+=	x+=y	加法赋值，把y与x相加，结果赋值给x。变量可以是数值、字符、元组、列表等类型变量	x+=y等价于x=x+y x=13; x+=12，则x=25
-=	x-=y	减法赋值，把x-y的结果赋值给x	x-=y等价于x=x-y x=13; x-=12 则x=1
*=	x*=y	乘法赋值，把y与x乘积结果赋值给x，变量可以为数值、字符、列表等各种类型	x*=y等价于x=x*y x=13; x*=12 则x=156
/=	x/=y	除法赋值，把y被X结果赋值给x	x/=y等价于x=x/y x=13; x/=12则x=1.083333...
//=	x//=y	取整除法赋值，把x与y的取整运算结果赋值给x	x//=y等价于x=x//y x=25; x//=12 则x=2
%=	x%=y	取模赋值，把x与y取模运算结果赋值给x	x%=y等价于x=x%y x=13; x%=12 则x=1
**=	x**=y	幂赋值，把幂运算的结果赋值给x	x**=y等价于x=x**y x=13; x**=3 则x=2197

3.4.4 逻辑运算

Python语言支持的逻辑运算包括与、或、非三种，表达式见表3-21。

表3-21 逻辑运算表达式

运算符	表达式	描述	实例
and	x and y	逻辑与: 如果 x 为 False，则返回False，否则返回 y 的计算值	x=13; y=12 (x and y)==12
or	x or y	逻辑或: 如果 x 是 True，则返回 x 的值，否则返回 y 的计算值	x=13; y=12 (x or y)==13

not	not x	逻辑非: 返回对x取反的结果，即如果x为真（True），返回假（False）；反之返回真（True）	x=13;
			(not x)==False
			x=0;
			(not x)==True

注意：数值0、空字符串、空元组、空集合、空列表、空字典、None值相当于布尔值False。举例如下：

```
1.
2.  print("====逻辑与==============")
3.  #1 初始化变量
4.  x = 13; y =12
5.  print("x =",x, "; y =",y);
6.
7.  # 逻辑与运算
8.  x1 = (x and y)
9.  print("x不为False, (x and y) =",x1)
10.
11. print("--------------------")
12. x=False;
13. print("x =",x, "; y =",y);
14. x1 = (x and y)
15. print("x为False, (x and y) =",x1)
16.
17.
18. print("\n====逻辑或==============")
19. #2 初始化变量
20. x = 13; y =12
21. print("x =",x, "; y =",y);
```

```
22.
23. # 逻辑或运算
24. x1 = (x or y)
25. print("x不为False，(x or y) =",x1)
26.
27. print("--------------------")
28. x=False;
29. print("x =",x, "; y =",y);
30. x1 = (x or y)
31. print("x为False，(x or y) =",x1)
32.
33. print("\n====逻辑非=============")
34. #3 初始化变量
35. x = 13;
36. print("x =",x);
37.
38. # 逻辑非运算
39. x1 = not x;
40. print("x不为False，(not x) =",x1)
41.
42. print("--------------------")
43. x=False;
44. print("x =",x);
45. x1 = not x;
46. print("x为False，(not x) =",x1)
47.
```

输出结果如下：

```
1.
2.  ====逻辑与=============
3.  x = 13 ; y = 12
4.  x不为False，(x and y) = 12
5.  --------------------
6.  x = False ; y = 12
7.  x为False，(x and y) = False
8.
```

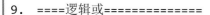

```
9.  ====逻辑或==============
10. x = 13 ; y = 12
11. x不为False, (x or y) = 13
12. -------------------
13. x = False ; y = 12
14. x为False, (x or y) = 12
15.
16. ====逻辑非==============
17. x = 13
18. x不为False, (not x) = False
19. -------------------
20. x = False
21. x为False, (not x) = True
22.
```

3.4.5　位运算

位运算是以二级制数的位为对象的运算方法。Python中位运算包括位与（&）、位或（|）、位异或（^）以及位取反（~）、位左移（<<）、位右移（>>）等，见表3-22。

表3-22　位运算

运算符	表达式	描述	实例
&	x&y	位与运算，参与运算的两个值，按位从低到高对齐，如果两个对应位都为1，则该位的结果为1，否则为0	x=59; y=12 (x&y)==8
|	x|y	位或运算，参与运算的两个值，按位从低到高对齐，只要对应的位有一个为1时，该位结果就为1，否则为0	x=59; y=12 (x|y)==63
^	x^y	位异或运算，参与运算的两个值，按位从低到高对齐，当两个对应位不相同时，结果为1，否则为0	x=59; y=12 (x^y)==55
~	~x	位取反运算，对每个二进制位取反，即把1变为0,把0变为1。实际上~x=-x-1	x=59; (~x)==-60
<<	x<<y	位左移运算，Python的左移运算，在数x的右面补充y个0。这与C/c++以及Java等语言有差别，也许是个缺陷	x=59; (x<<3)==472
>>	x>>y	位右移运算，将数x的每个二进制位按顺序全部向右移y位（y为整数）；位移原则：高位补零，低位丢弃	x=59; (x>>3)==7

为了更清楚地说明以上运算符的作用，下面举例说明。

```
1.
2.  #0 初始化变量
```

```
3.  x = 0b111011; y = 0b1100   # x=59; y=12
4.  print("x=",x,"; y=",y)
5.  print("x   二进制:",bin(x));     # bin(x)把x转换为二级制字符串形式
6.  print("y   二进制:",bin(y));
7.  print(); # 打印一个空行
8.
9.  #1 位与运算
10. z = (x & y)
11. print("x&y 二进制:",bin(z));
12.
13. #2 位或运算
14. z = (x | y)
15. print("x|y 二进制:",bin(z));
16.
17. #3 位异或运算
18. z = (x ^ y)
19. print("x^y 二进制:",bin(z));
20.
21. #4 位取反运算
22. z = ~x
23. print("~x   二进制:",bin(z));   # 负数
24.
25. #5 位左移运算
26. z = x<<3
27. print("x<<3二进制:",bin(z));
28.
29. #6 位右移运算
30. z = x>>2
31. print("x>>2二进制:",bin(z));
32.
```

输出结果如下：

```
1.
2.  x= 59 ; y= 12
3.  x   二进制: 0b111011
```

```
4.  y     二进制: 0b1100
5.
6.  x&y 二进制: 0b1000
7.  x|y 二进制: 0b111111
8.  x^y 二进制: 0b110111
9.  ~x   二进制: -0b111100
10. x<<3二进制: 0b111011000
11. x>>2二进制: 0b1110
12.
```

Python中的左移运算与C/C++、Java等语言有区别，造成这一问题的原因在于Python把int类型的数值视为无精度类型，不会发生溢出而进行截取的情况。解决这个问题的方法有两种：一种是在Python中自己编写一个函数，模拟其他语言的规则来实现左移；另外一种是使用其他语言实现左移，然后在Python中调用。

3.4.6 身份运算

身份运算用来比较两个对象的内存位置（内存地址），常用的有两个，见表3-23。

表3-23 身份运算

运算符	表达式	描述	实例
is	x is y	判断两个变量是不是引用自一个内存对象，如果是则返回True，否则返回False	x=59; y=12 (x is y)==False
is not	x is not y	判断两个变量是不是引用自一个内存对象。如果不是则返回True，否则返回False	x=59; y=12 (x is not y)==True

身份运算（is）与比较运算（==）之间的主要区别是，is 用于判断两个变量引用对象是否为同一个，== 用于判断引用变量的值（内容）是否相等。例如：

```
1.
2.  print("数值变量测试-------------");
3.  #0 数值变量测试
4.  x = 12; y = 12
5.  print("x=",x,"; y=",y)
6.
7.  if( x is y ):
8.      print("x is y.")
9.  else:
10.     print("x is NOT y.");
```

```
11.
12.
13. if( x==y ):
14.     print("x == y.")
15. else:
16.     print("x != y.");
17.
18.
19. # 修改y
20. y = 16
21. print("x=",x,"; y=",y)
22. if( x is y ):
23.     print("x is y.")
24. else:
25.     print("x is NOT y.");
26.
27. if( x==y ):
28.     print("x == y.")
29. else:
30.     print("x != y.");
31.
32.
33. print("\n列表等变量测试------------");
34. x = [1, 2, 3]
35. y = x;   # 实际上把指向x的内存地址赋值给y
36.
37. print("地址赋值操作:")
38. if( x is y ):
39.     print("x is y.")
40. else:
41.     print("x is NOT y.");
42.
43. if( x==y ):
44.     print("x == y.")
45. else:
46.     print("x != y.");
```

```
47.
48.
49. print();
50. print("内容赋值操作:")
51. y = x[:]    # 内容赋值操作
52. if( x is y ):
53.     print("x is y.")
54. else:
55.     print("x is NOT y.");
56.
57. if( x==y ):
58.     print("x == y.")
59. else:
60.     print("x != y.");
61.
```

输出结果如下：

```
1.
2.  数值变量测试-------------
3.  x= 12 ; y= 12
4.  x is y.
5.  x == y.
6.  x= 12 ; y= 16
7.  x is NOT y.
8.  x != y.
9.
10. 列表等变量测试-------------
11. 地址赋值操作:
12. x is y.
13. x == y.
14.
15. 内容赋值操作:
16. x is NOT y.
17. x == y.
18.
```

3.4.7　成员运算

成员运算用来判断某个变量是否为某个序列变量的子成员。序列变量可以是字符串、元组、列表等类型变量，见表3-24。

表3-24　成员运算

运算符	表达式	描述	实例
In	x in y	判断x是否在序列变量y中存在。如果存在，返回True；否则返回False	x=59; y=[12,59,33] (x in y)==True
not in	x not in y	判断x是否在序列变量y中存在。如果不存在，返回True；否则返回False	x=59; y=[12,59,33] (x not in y)==False

实例说明：

```
1.
2.  #1 简单变量
3.  x = 59
4.  y = [12, 59, 33]
5.
6.  if( x in y ):
7.      print("x=",x, ",in y=",y);
8.  else:
9.      print("x 不在 y 中");
10.
11. #2 复杂变量
12. x = (3, 4)
13. y = ["Hello", (3,4), 99, "Python"]
14.
15. if( x in y ):
16.     print("x=",x, ",in y=",y);
17. else:
18.     print("x 不在 y 中");
19.
```

输出结果如下：

```
1.
2.  x= 59 ,in y= [12, 59, 33]
3.  x= (3, 4) ,in y= ['Hello', (3, 4), 99, 'Python']
4.
```

可以看出，操作符左边的变量也可以为元组、列表等类型。

3.4.8 运算符优先级

表3-25按照从优先级从高到低的顺序列出了Python中的各种运算符。

表3-25 运算符优先级

运算符	描述
**	指数 (最高优先级)
~、+、−	按位翻转、正负号
*、/、%、//	乘法、除法、取模、取整除法
+、−	加法、减法
>>、<<	右移、左移运算符
&	位与操作符
^、|	位异或、位或运算符
<=、<、>、>=	小于等于、小于、大于、大于等于
<>、==、!=	不等于、等于、不等于运算符
=、%=、/=、//=、−=、+=、*=、**=	各种赋值运算符
is、is not	身份运算符
in、not in	成员运算符
and、or、not	逻辑与、或、非运算符

运算符的优先级顺序必须牢记，如果一时不明确，可以使用小括号把需要一起计算的片段包围起来，这样小括号内的片段会被当做一个整体来对待，如下面实例：

```
1.
2.  # 初始化变量
3.  x = 10;
4.
5.  # 没有使用小括号
6.  y = -x**2
7.  print(y)    # -100
8.
9.  y = (-x)**2
10. print(y)    # 100
11.
```

3.5 控制语句

任何编程语言，都具有三种基本控制语句结构。

① 顺序控制结构（Sequential Structure）：按照语句的编写顺序执行程序；

② 条件控制结构（Conditional Structure）：按照一个布尔表达式的值（真/假），有选择地执行两个子程序中的一个；

③ 循环控制结构（Loop Structure）：以某个布尔表达式的值为循环条件，只要其值为真，则一直执行某个子程序。

下面我们主要讲解一下在 Python 中如何实现选择结构、循环结构。

3.5.1 条件控制结构（if…else）

在 Python 中，实现条件控制的语句是 if…else 语句，条件语句控制结构流程图见图3-10。其基本语法形式是：

```
1.
2.  if (表达式):
3.      语句块1
4.
5.  else:
6.      语句块2
7.
```

开发者需要注意以下两点：

➢ 语句块1、语句块2中的多条语句的缩进必须一致，否则程序会只执行部分语句，可能引发异常或逻辑错误；

➢ 表达式两边可以没有小括号，但是从可读性方面考虑，建议添加。

在实际开发中，if…else 语句可以有以下几种应用形式：

① 单分支（无else情况）；

② 双分支；

③ 多分支；

④ 嵌套if语句。

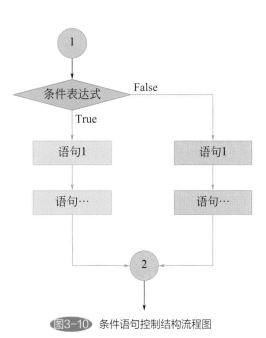

图3-10 条件语句控制结构流程图

3.5.1.1　单分支形式

单分支形式是最简单的if…else语句结构形式，其语句格式如下：

```
1.
2.  if (表达式):
3.     语句1
4.     语句2
5.     ...
6.
7.  #跳出if范围...
8.
```

这种形式用于有条件地执行特定操作，即如果表达式为真，则执行下面的语句块，否则跳过，转而去执行if语句结构下面其他语句。单分支条件语句控制结构流程图见图3-11。

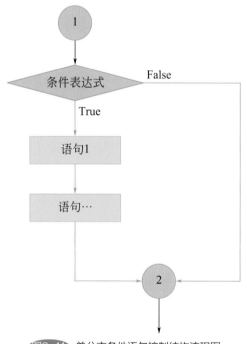

图3-11 单分支条件语句控制结构流程图

如下面的例子：

```
1.
2.  #如果num为正，打印合适的信息（不关心num为负的情况）
3.  num = 13
4.  if (num > 0):
5.     print(num, "is a positive number.")
```

```
6.
7.  print("This is always printed.")    # 这一行总是会输出
8.
9.
10. num = -1
11. if (num > 0):
12.     print(num, "is a positive number.")
13.
14. print("This is also always printed.")    # 这一行总是会输出
15.
```

输出结果为：

```
1.
2.  13 is a positive number.
3.  This is always printed.
4.  This is also always printed.
5.
```

3.5.1.2　双分支形式

双分支形式语句格式如下：

```
1.
2.  if (表达式):
3.      语句1
4.      语句2
5.      ...
6.
7.  else:
8.      语句1
9.      语句2
10.     ...
11.
12. #跳出if...else范围...
13.
```

举例如下：

```
1.
2.   # 定义两个整型变量，按照从小到大的顺序输出
3.   x = 333
4.   y = 222
5.
6.   # 判断大小
7.   if (x<y):
8.       print("从小到大排序：", x, ",", y);
9.
10.  else:
11.      print("从小到大排序：", y, ",", x);
12.
13.
14.  print("排序完毕......")
15.
```

上面的代码中，x<y为条件表达式，输出结果为：

```
1.
2.   从小到大排序： 222 , 333
3.   排序完毕......
4.
```

3.5.1.3 多分支形式

适合多分支形式语句格式如下：

```
1.
2.   if (表达式1):
3.       语句1
4.       语句2
5.       ...
6.
7.   elif (表达式2):
8.       语句1
9.       语句2
10.      ...
11.
```

```
12. elif (表达式3):
13.    语句1
14.    语句2
15.    ...
16.
17. else:
18.    语句1
19.    语句2
20.    ...
21.
22.
23. #跳出if…else范围
24.
```

多分支条件语句控制结构流程图见图3-12。

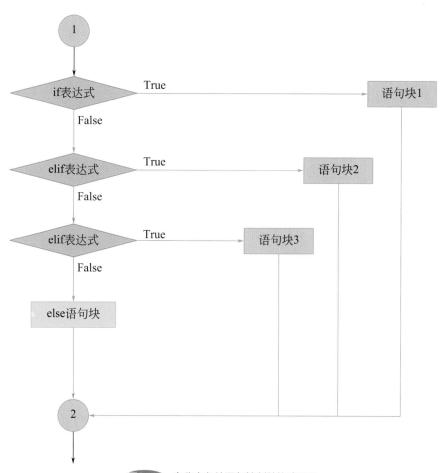

图3-12 多分支条件语句控制结构流程图

如某个电商平台根据注册用户的月均消费额度进行等级划分，代码如下：

```
1.
2.   # 某电商平台根据注册用户的月均消费额划分客户等级
3.   fAvgFee = 645.67    # 元
4.
5.   if (fAvgFee>1000):
6.       print("这是我们的钻石客户！");
7.
8.   elif (fAvgFee<=1000 and fAvgFee>888):
9.       print("这是我们的黄金客户！");
10.
11.  elif (fAvgFee<=888 and fAvgFee>555):
12.      print("这是我们的普通客户.");      # 输出...
13.
14.  else:
15.      print("这是我们的潜在客户.");
16.
17.  print("分类完毕......")
18.
```

3.5.1.4　嵌套形式

可以把一个if...else结构编写到另外一个if...else语句结构中，形成所谓的嵌套形式，这对于比较复杂的判断特别有用。由于语句的缩进是区别不同嵌套层次的唯一方法，因此嵌套层次越多，可读性越差，在实际编程中，尽量避免多层嵌套。

嵌套形式的if...elf语句的格式如下：

```
1.
2.   if (表达式1):
3.       语句1
4.       语句...
5.       if (表达式11):
6.           语句1
7.           语句2
8.       else:
9.           语句1
10.          ...
```

```
11.
12. else:
13.    语句1
14.    语句2
15.    ...
16.
17. #跳出if...else范围...
18.
```

嵌套可以放在If子句、elif子句、else子句下。下面举例说明。

```
1.
2.  # 根据用户的输入，判断输入值是正、零、还是负，
3.  # 并打印相应的信息
4.
5.  fNum = float(input("请输入一个数值："))
6.  if fNum >= 0:
7.    print("***数据值大于等于零")
8.    if fNum == 0:
9.      print("输入值  为零")
10.   else:
11.     print("输入值  为正")
12. else:
13.   print("输入值  为负")
14.
```

如果输入78，则输出如下：

```
1.
2.  请输入一个数值：78
3.  ***数据值大于等于零
4.  输入值  为正
5.
```

另外，在Python中，没有类似C++、Java中的switch语句。

3.5.2 循环控制结构（for/while）

循环控制结构是指在满足某个条件下重复执行指定语句的结构。Python中有两种循环控制结构，分别是for循环和while循环。

3.5.2.1　for循环

for循环非常适合对可迭代对象（如列表list、元组tuple、字符串str等）进行遍历。其基本语法如下：

```
1.
2.  for val in sequence:
3.    语句块
4.
```

同if...else语句一样，这里的语句块也是通过代码缩进与其他语句进行区分的。

for循环控制结构流程图如图3-13所示。

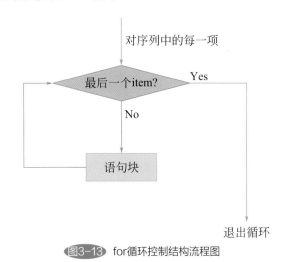

图3-13　for循环控制结构流程图

下面的例子是计算一个数值型列表中所有数据的算术平均值：

```
1.
2.  # 计算总和及平均值
3.
4.  # List of numbers
5.  numbers = [12, 5, 3, 8, 4, 12, 5, 4, 10]
6.
7.  # 计算总和及元素个数
8.  fSum = 0.0
9.  iCnt = 0
10.
11.
12. # 对number循环迭代，获取每个元素值后相加
13. for val in numbers:
```

```
14.    iCnt += 1
15.    fSum += val
16.
17. print("The Sum is", fSum)
18. print("The Avg is", fSum/iCnt)
19.
```

第 13 ～ 15 行为循环体，主要作用是计算总和及元素个数。输出结果如下：

```
1.
2. The Sum is 63.0
3. The Avg is 7.0
4.
```

另外，for 循环可以有一个可选的 else 语句块，这个 else 语句块会在序列 sequence 中的元素循环完毕后执行。如：

```
1.
2. # 初始化一个字典
3. dtMap = {'张三':50, '李四':27, '王二':69, '齐五':33}
4.
5. # 遍历
6. for val in dtMap.keys():  # 这里也可以 for val in dtMap
7.     print(val, dtMap[val])
8. else:
9.     print("遍历完毕...")
10.
```

输出结果如下：

```
1.
2. 张三 50
3. 李四 27
4. 王二 69
5. 齐五 33
6. 遍历完毕...
7.
```

3.5.2.2　while 循环

while 循环语句的语法格式如下：

```
1.
2.  while 条件表达式:
3.      语句块
4.
```

在while循环中，首先判断条件表达式是否为真（True），只有条件表达式为真时，while语句块才能被执行。执行完一次后，再次判断条件表达式是否为真，如果为真，则再次执行while语句块，依此循环，直到条件表达式为假（False）才退出while循环。While循环控制结构的流程图见图3-14。

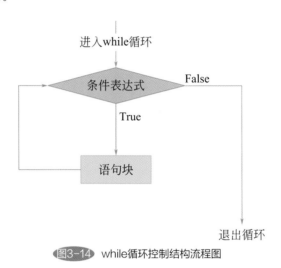

图3-14 while循环控制结构流程图

例如：

```
1.
2.  # 计算总和及平均值
3.
4.  # List of numbers
5.  numbers = [12, 5, 3, 8, 4, 12, 5, 4, 10]
6.
7.  # 计算总和及元素个数
8.  fSum = 0.0
9.  iOrder = 0;
10. iCnt = len(numbers)
11.
12.
13. # 对number循环迭代，获取每个元素值后相加
14. while (iOrder<iCnt):
15.     fSum += numbers[iOrder]
```

```
16.     iOrder += 1
17.
18. print("The Sum is", fSum)
19. print("The Avg is", fSum/iCnt)
20.
```

输出结果如下：

```
5.
6.  The Sum is 63.0
7.  The Avg is 7.0
8.
```

同 for 循环一样，while 循环也可以有一个可选的 else 语句块，这个 else 语句块是在条件表达式为假时执行的。如：

```
1.
2.  # while...else demo
3.  iCount = 0
4.
5.  while iCount < 3:
6.      print("Inside loop")
7.      iCount += 1
8.  else:
9.      print("*** Outside loop")
10.
```

输出结果如下：

```
1.
2.  Inside loop
3.  Inside loop
4.  Inside loop
5.  *** Outside loop
6.
```

在 while 循环中，如果条件表达式一直为真，则一直循环。

3.5.3 转移控制结构

在 Python 中有几个能够控制程序流程转移的特殊语句，分别是 break、continue、return 和 pass。

3.5.3.1 break/continue

有时我们希望在某次循环中停止当前循环或跳出整个循环语句，这时continue或break就派上了用途。

break语句可把流程转移到循环体后的代码中，从而退出包含它的循环体，其流程如图3-15所示。

图3-16所示为for循环结构中break语句转向图。

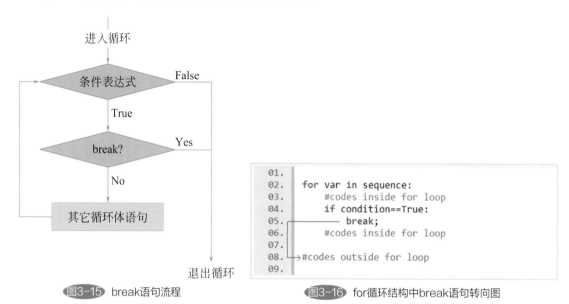

图3-15 break语句流程   图3-16 for循环结构中break语句转向图

举例如下：

```
1.
2.  # 循环体 中的break语句
3.
4.  flag = str();
5.  for flag in "break":
6.    if flag == "a":    # 遇到字母a时，退出当前循环
7.      break;
8.    print(flag)
9.  else:
10.    print("循环完毕....")
11.
12. print("The End.")
13.
```

程序在for循环体内运行时，每次循环会判断flag是否等于"a"，当执行break语句时，会跳出循环体，直接执行循环体后面的代码。最终输出结果如下：

```
1.
2.  b
3.  r
4.  e
5.  The End.
6.
```

　　与 break 语句相比，continue 语句在条件为真时只跳过 continue 后的语句，转而进行下一次循环，并不会退出包含它的循环体。continue 语句的流程图见图 3-17。

　　图 3-18 所示为 for 循环中的 continue 语句转向图：

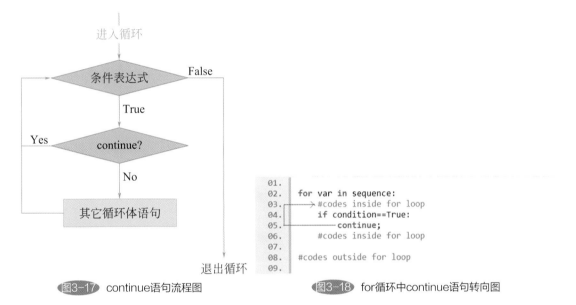

图3-17　continue语句流程图　　　　　　图3-18　for循环中continue语句转向图

　　举例如下：

```
1.
2.  # 循环体中的continue语句
3.
4.  flag = str();
5.  for flag in "break":
6.    if flag == "a":    # 遇到字母a时，退出当前循环
7.      continue;
8.    print(flag)
9.  else:
10.    print("循环完毕....")   # 也会输出...
11.
```

```
12. print("The End.")
13.
```

最终输出结果如下：

```
1.
2.  b
3.  r
4.  e
5.  k
6.  循环完毕....
7.  The End.
8.
```

从上面的输出结果可以看出，当条件为真（flag=='a'）时，continue只是在本次循环不执行其后的语句，并不影响下次循环执行其后的语句，更没有退出整个循环。

3.5.3.2　pass

在Python语言中，pass是一个比较特殊的语句，解释器会执行这个语句，但是不做任何操作，所以pass通常是作为占位符来出现的。例如我们在设计一个循环分支或一个函数，还不能确定业务逻辑，但又不能为空时，就可以用pass语句做占位符，准备留待将来实现。例如：

```
1.
2.  # pass作为占位符，具体功能以后实现
3.  sequence = {'p', 'a', 's', 's'}
4.  for val in sequence:
5.      pass  # for future
6.
```

3.6　函数

在Python语言中，函数是一组相关联的、能够完成特定任务的语句模块，分内置函数和用户自定义函数两类。内置函数是系统自带的函数，开发者只要按照接口调用即可；自定义函数是第三方或开发者自行开发的函数。本节主要介绍自定义函数。

3.6.1　函数定义

Python的函数由函数头和函数体组成，其格式如下：

```
1.
2.  def function_name(parameters):
3.      """docstring"""
4.      statement(s)
5.
```

Python 函数定义必须以 def 关键词开始，def 标志着函数头部的开始，函数名称（function_name）是函数头的一部分，它的命名要符合前面讲述的标识符命名规则；函数名称后跟随着一对小括号，括号里面是函数的参数（parameters），参数是可选的，括号后面紧跟着一个冒号（:)，标志着函数头的结束和函数体的开始。

文档描述（docstring）是函数体中可选的部分，如果出现，必须出现在函数体的第一行。文档描述以连续的三个单（双）引号开始，也以连续的三个单（双）引号结束，这样可以在多行显示，呈现更多的内容。

statement(s) 是函数体语句块，格式必须符合代码缩进的层级要求。

另外还有函数返回语句（return），它是可选的，其作用是返回一个数据给调用者。如果 return 后没有参数或一个函数体根本就没有 return 语句，则相当于返回 None。

下面是一个简单的自定义函数：

```
1.
2.  # 简单函数定义
3.  def myFun(msg):
4.      '''
5.      本函数输出给定的信息。
6.      参数msg: 欲输出的字符串
7.      '''
8.      print("::", msg)
9.      return
10.
```

函数定义时的参数称为形式参数（formal parameters），简称形参，而被调用时传递给函数的实际数据值称为实际参数（actual arguments），简称为实参。很显然，实参是变化的，形参是不变的。假如函数有多个形参，则用逗号隔开；形参是不需要说明参数类型的；形参表可以为空，表示此函数是个无参函数。

3.6.2　函数调用

一般把调用其他函数的函数称为调用函数(或主调函数)，被调用的函数称为被调函数。一个函数既可以是主调函数，也可以是被调函数。下面通过例子展示函数调用的方式：

```
1.
2.  # 无参函数定义
3.  def hello():
4.      '''
5.      仅仅输出一些固定的信息.
6.      '''
7.      print("让我们开始Python学习之路.")
8.
9.
10. # 有参数函数定义
11. def calArea(long, width):
12.      """
13.      根据长和宽，计算长方形面积
14.      输入参数：long -- 长；width -- 宽
15.      """
16.      area = long*width
17.      return(area)
18.
19.
20. if (__name__=="__main__"):
21.      hello();                    # 调用hello()函数
22.      area = calArea(5,3);    # 调用calArea()函数
23.      print("长方形面积:", area);
24.
25.      info = calArea.__doc__    # docstring
26.      print(info)
27.
```

输出结果如下：

```
1.
2.  让我们开始Python学习之路.
3.  长方形面积: 15
4.
5.      根据长和宽，计算长方形面积
6.      输入参数：long -- 长；width -- 宽
7.
```

这里需要关注的是第25行，在函数定义的时候，紧随函数头后面的注释部分为docstring。docstring是通过函数内置的__doc__属性来访问的，访问格式如下：

```
function_name.__doc__
```

注意函数名称function_name后没有小括号()。docstring是对函数的一个简要说明，虽然是可选的，但是建议开发者尽量加以利用。

3.6.3　参数传递

3.6.3.1　参数传递方式

Python语言的数据类型有不可变类型和可变类型两种，因此参数也分可变类型和不可变类型。像数值类型、字节串类型、元组类型等都属于不可变类型，不可变类型变量的特点是被重新赋值后会在内存中生成一个新的对象，原有变量不变。而像列表类型、字典类型等都属于可变类型，即变量在被重新赋值后，本身指向的内存地址并没有变动，只是其内部数据被修改了。

Python对不可变类型参数的传递采用"值传递（pass by value）"方式。当函数被调用时，系统会为形式参数分配独立的内存空间，并用实际参数值初始化对应的形式参数，这样就把实际参数的值传递给了形式参数。在值传递方式中，实际参数和形式参数各自占有自己的内存空间，参数只能由实际参数向形式参数传递，不论被调函数对形式参数内容作何修改，对相应的实际参数都没有影响。

Python对可变类型参数的传递采用"地址传递（pass by address）"方式。当函数被调用时，系统不会为形参分配新的空间，只是把实参的内存地址传给被调函数。这样如果在函数内对形参内容做了修改，会影响到实参。

首先看一个不可变类型参数传递的实例：

```
1.
2.  # 改变客户的年龄
3.  def changeAge( age ):
4.    # pass
5.    age = 56
6.    print("试图修改年龄(整型):", age)
7.
8.
9.  # 调用看效果
10. age = 51
11. print("调用前年龄:", age);  # 调用前年龄
12. changeAge(age);    # 调用中年龄
13. print("调用后年龄:", age);  # 调用后年龄
14.
```

输出结果为：

```
1.
2.   调用前年龄： 51
3.   试图修改年龄(整型)： 56
4.   调用后年龄： 51
5.
```

可以看到，虽然在函数changeAge()中修改了参数age的值，但是对实际的参数age并没有任何影响。

我们对上面的程序稍作修改，把age作为列表变量（可变类型），来看一下传递可变类型参数会有什么不同：

```
1.
2.   # 改变客户的年龄
3.   def changeAge( age ):
4.     # pass
5.     age[0] = 56
6.     print("试图修改年龄(整型):", age[0])
7.
8.
9.   # 调用看效果
10.  age = [51,]  # 修改为列表...
11.  print("调用前年龄:", age[0]);   # 调用前年龄
12.  changeAge(age);     # 调用中年龄
13.  print("调用后年龄:", age[0]);   # 调用后年龄
14.
```

输出结果为：

```
1.
2.   调用前年龄： 51
3.   试图修改年龄(整型)： 56
4.   调用后年龄： 56
5.
```

从输出结果可知，调用后原来的age内容发生了变化，也就是说，函数changeAge()中对形参age的修改会影响到实参age。

3.6.3.2　参数调用方式

Python函数的参数根据调用方式不同分为四种：

① 默认参数；
② 位置参数；
③ 关键字参数；
④ 变长参数

其中默认参数是指在定义函数时直接给这个参数赋一个值，这样在函数调用时，如果没有实参传入，就使用这个值作为默认值。

注意：除了可变长参数，默认参数之后不能出现非默认参数。

根据以上参数分类，函数可按下述方式定义：

```
1.
2.  def function_name(pos_args, kw_args, *tuple_grp_nonkw_args, **dict_grp_kw_args):
3.    """docstring"""
4.    statement(s)
5.
```

➤ pos_args：位置参数（positional arguments）
➤ kw_args：关键字参数（keyword arguments）
➤ tuple_grp_nonkw_args：以"*"开始，元组非关键字变长参数。
➤ dict_grp_kw_args：以"**"开始，字典关键字变长参数。

原则上，以上四种参数都可以省略，如果出现，建议按照上述顺序编写。

1）位置参数

调用函数时，根据函数的参数位置（顺序）来传递参数，一般把位置参数放在最前面。

2）关键字参数

调用函数时通过"键=值"形式指定实参，其中"键"是形参名称，"值"是实参值。使用关键字参数允许函数调用时参数的顺序与声明时不一致，Python 解释器能够用参数名称匹配参数值。这种方式可以让函数更加清晰，容易使用，同时也消除了参数的顺序要求（位置参数）。

注意：函数调用时，关键字参数一定要出现在位置参数之后，否则会导致解释出错。

举例如下：

```
1.
2.  # 定义几个后面需要的变量
3.  clerkName = ""; clerkSex = ""; clerkSalary = 0; clerkLeader = False;
4.
5.  # 默认参数之后，不能再出现非默认参数，但可以出现多个默认参数
6.  def updateClerkInfo(name, salary, leader, sex='male'):
7.    clerkName   = name
```

```
8.      clerkSalary = salary
9.      clerkLeader = leader
10.     clerkSex    = sex
11.
12.     #输出信息
13.     print(clerkName, clerkSex, clerkSalary, clerkLeader, sep=", ");
14.
15.
16.  if(__name__=='__main__'):
17.     # 可以全部为位置参数使用
18.     updateClerkInfo("Owen",8888, False, "female")
19.     # 也可以全部为关键字参数
20.     updateClerkInfo(name="Owen", salary=8888, leader=False, sex="female")
21.
22.     # 也可是混合使用！
23.     updateClerkInfo("OWen", 8888, leader=True);
24.
25.     # 下面方式出错！所有位置参数必须出现在关键字参数之前
26.     #updateClearkInfo(name="Owen", 8888, leader=True)
27.
```

输出结果为：

```
1.
2.  Owen, female, 8888, False
3.  Owen, female, 8888, False
4.  OWen, male, 8888, True
5.
```

3）元组非关键字变长参数

开发者可能需要设计一个形参个数不定的函数，以增加函数的灵活性，这时变长参数就派上用途了。与位置参数、关键字参数不同，变长参数在声明时甚至可以不用命名（没有名称），即使有名称，也只是一个名义上的占位符。在Python中，变长参数包括元组非关键字变长参数和字典关键字变长参数两种。

元组非关键字变长参数以"*"开头，在一个函数定义中，最多只能有一个这样的参数。在调用函数时，所有未命名的实参变量会以元组(tuple)的形式传入。举例如下：

```
1.
2.  # 此函数把name，sex输出为独立一行；其他信息为一行
3.  def myInfo( name, sex, *varInfo ):
4.      print ("姓名: ",name, "性别: ", sex)
5.      print (varInfo)
6.
7.
8.  # 调用
9.  myInfo("Jack", "Male", 29, 89)
10.
```

输出结果为：

```
1.
2.  姓名:  Jack 性别:  Male
3.  (29, 89)
4.
```

4）字典关键字变长参数：

字典关键字变长参数是以"**"开始的参数，在一个函数定义中，最多只能有一个这样的参数。如果存在，只能放在所有其他参数的后面，即只能放在最后。

在调用函数时，所有没有对应上的关键字参数（实参）都会以字典(dict)的形式传入。

举例如下：

```
1.
2.  # 此函数把name，sex输出为独立一行；其他信息为一行
3.  def myInfo( name, sex, **varInfo ):
4.      print ("姓名: ",name, "性别: ", sex)
5.      print (varInfo)
6.
7.
8.  # 调用
9.  myInfo("Jack", "Male", age=29, weight=89)
10.
```

输出结果为：

```
1.
2.  姓名:  Jack 性别:  Male
```

```
3.   {'age': 29, 'weight': 89}
4.
```

其输出结果是以字典（dict）形式输出，而不是元组（tuple）形式了。

3.6.3.3　参数小结

➤ 位置参数使用时，所传入参数的位置必须与定义函数时参数的位置相同。

➤ 关键字参数使用时，对位置顺序没有要求。

➤ 元组变长参数可接受任意数量的位置参数，最多只能有一个，可出现在任何位置。不过一旦这种参数出现，后面的参数只能作为关键字参数使用。

➤ 字典变长参数可接受任意数量的关键字参数，它必须是最后一个参数，而且最多只能有一个。

➤ 默认参数的赋值只会在函数定义的时候绑定一次，不会再被修改。

➤ 同一个参数是不允许多次赋值的。

3.6.4　变量的作用域和生命周期

3.6.4.1　什么是作用域和生命周期

所谓一个变量的作用域，是指可以访问这个变量的程序代码段。对于一个函数的参数以及定义在函数内部的变量，由于它们只能在函数内部使用，对函数外部是不可见的，所以其作用域是函数的代码范围内，故称为局部变量；相对应地，独立于任何函数的变量称为全局变量。

所谓一个变量的生命周期，是指变量在内存中存续的时间，是一个时间范围。对于在函数内部定义的变量，其生命周期与函数执行周期一致，一旦函数退出（返回主调函数），所有内部定义的变量也就失效（在内存中销毁）。所以，函数不会记得以前被调用时内部变量的值。

请看下面的例子：

```
1.
2.  def my_func():
3.      x = 10    # 局部变量
4.      print("函数*内*部定义的变量x：", x)
5.
6.  x = 20    # 全局变量
7.  my_func()
8.  print("函数*外*部定义的变量x：", x)
9.
```

输出结果为：

```
1.
2.     函数*内*部定义的变量x：  10
3.     函数*外*部定义的变量x：  20
4.
```

可以看出，x变量初始为20（第6行），即使通过myfun()函数改变了其内部的x变量值为10（第3行），它也改变不了函数外部定义的x的值（第8行）。这是因为无论它们的名称是否相同，它们都有不同的作用域。并且myfun()函数内部的x的生命周期在函数返回时即告结束。

在Python中，只有模块（module）、类（class）以及函数［def、lambda（匿名函数）］才会引入新的作用域，其他的代码块（如 if/elif/else/、try/except、for/while等）是不会引入新的作用域的，也就是说在这些语句内定义的变量，外部也可以访问。

3.6.4.2 global 和 nonlocal 关键字

局部变量可以直接访问全局变量，但是只能读取，不能修改。如果要实现对全局变量的修改，要用global和nonlocal关键字，下面以实际例子说明：

```
1.
2.  # 定义全局变量
3.  totalRevenue = 1000
4.
5.  def updateRevenue(number, in_out):
6.      """update total revenue"""
7.
8.      global totalRevenue   # 需要使用 global 关键字声明
9.
10.     if (in_out):
11.         totalRevenue += number;
12.     else:
13.         totalRevenue -= number;
14.
15.     return
16.
17.
18. print("初始之总收入： ", totalRevenue);
19.
20. updateRevenue(150, True)
```

```
21. print("增加后总收入: ", totalRevenue);
22.
23. updateRevenue(150, False)
24. print("减少后总收入: ", totalRevenue);
25.
```

输出结果为:

```
1.
2.  初始之总收入:  1000
3.  增加后总收入:  1150
4.  减少后总收入:  1000
5.
```

global 的作用是告诉函数 updateRevenue() : 变量 totalRevenue 已经在外部进行了定义,本函数使用的是外部的 totalRevenue,不要生成一个新变量了。

nonlocal 与 global 的区别在于 : nonlocal 一定用在嵌套作用域内,声明为 nonlocal 的变量是在嵌套作用域外层定义的变量,而不是全局变量。请看下面的例子 :

```
1.
2.  # 这是全局变量global
3.  iNum = 99
4.
5.  def outerFun():
6.      name = "Barack Hussein Obama"
7.      print("原来的总统是: ", name);
8.
9.      def innerFun():
10.         nonlocal name    # nonlocal声明外层的name变量, 不能用global, 否则不
                                          起作用
11.         name = "Donald Trump"
12.         return
13.
14.     innerFun()
15.     print("现在的总统是: ", name);
16.
17. outerFun()
18.
```

输出结果为：

```
1.
2.  原来的总统是：  Barack Hussein Obama
3.  现在的总统是：  Donald Trump
4.
```

如果不加第10行，则输出结果的第三行就变为"现在的总统是：Barack Hussein Obama"。

3.6.5　匿名函数

所谓匿名函数，是指不以def语句定义的没有名称的函数，它在使用时临时声明、立刻执行，且只能调用一次，不能被反复调用，其优点是执行效率高。

Python使用lambda来创建匿名函数，一般函数体只包含一个表达式语句，其语法格式为：

```
1.
2.  lambda [arg1 [,arg2,.....argn]]:expression
3.
```

匿名函数主体是一个表达式，而不是一个代码块，所以能实现的业务逻辑非常有限。

匿名函数拥有自己的命名空间，可以访问嵌套层的变量（无需nonlocal关键字），但是不能访问全局变量。

举例如下：

```
1.
2.  def makeChange(num):
3.     return ( lambda delta: num - delta ) # 返回的是个函数对象，对num的访问无需nonlocal
4.
5.
6.  # fun1是个函数对象！
7.  fun1 = makeChange(50)   # makeChange返回一个由lambda创建的函数
8.  x = fun1(10)   # 调用返回的函数
9.  print(x)  # 输出40
10.
11. # fun2是个函数对象！
12. fun2 = makeChange(33)   # makeChange返回一个由lambda创建的函数
13. x = fun2(10)   # 调用返回的函数
14. print(x)   # 输出23
15.
```

3.6.6 有益的编码风格

一个格式良好的源程序代码可以大大提高代码的可读性，使人能够轻松理解开发者的思路。

现在越来越多的开发者开始遵循PEP 8（PEP：Python Enhancement Proposals）中倡导的编程风格。按照PEP 8中的建议编写代码，能够提高程序的可读性，减轻视觉疲劳，所以建议大家好好遵循。下面节选了部分重要内容。

➢ 每层级使用4个空格缩进，不要使用tab键。4个空格缩进处于小缩进（可以嵌套更深）和大缩进（更易读）之间，是一个很好的折中；tab键容易引起混乱，不建议使用，更不建议Tab键和空格混合使用。

➢ 每行代码长度建议不超过79个字符；如果一行代码太长，分成多行。

➢ 使用空行来分隔函数、类以及函数体内的语句块。

➢ 注释尽可能写在一行。

➢ 不要忘记docstring。

➢ 在运算符前后以及逗号之后使用空格，但在包围结构（如小括号、中括号、大括号等）的包围符号内侧不使用空格，例如：a = f(1, 2) + g(3, 4)。

➢ 对类及函数的命名建议始终保持统一命名方式。对类的命名建议使用大驼峰拼写方式（CamelCase），即多个单词直接拼在一起，每个单词的首字母大写，其余字母小写；对函数或类函数的命名采用小写字母与下划线拼接的形式，注意一定要把self作为类函数的第一个参数的名称。

➢ 如果系统有可能在国际上使用，编码尽量采用utf-8或ASCII，这会在任何情况下都运行得非常好。

➢ 尽量不要在标识符命名时使用非ASCII码字符。

3.7 错误和异常处理

在Python中，程序运行之前被解释器发现的错误称为语法错误，例如if语句后面缺少冒号就属于语法错误；而程序运行过程中发生的错误称为异常。异常的发生会打乱正常的执行流程，导致程序非正常退出。开发者可以通过Python语言提供的机制来处理各种异常，以避免程序非正常退出。

程序运行之前，解释器会对代码进行扫描，排查是否存在语法错误，如果存在语法错误，解释器将停止运行，并向开发者提示错误的地方，例如下面的语句产生语法错误（在IDLE环境下运行）：

```
1.
2. >>> while True print('Hello Python')
```

```
3.  SyntaxError: invalid syntax
4.
```

这个例子中，函数 print() 被检查到有错误，它前面缺少了一个冒号（:）。不规范的编程习惯很容易造成语法错误，良好的编程习惯则有助于降低语法错误的发生率，大大提高编程的效率，因此开发者可通过遵循良好的编程规范来避免出现语法错误。

异常有很多种，例如 ZeroDivisionError、NameError、TypeError、IOError 等等。异常出现时，系统会给出相关提示信息，提示信息的前面部分为异常发生的上下文，以调用栈的形式显示具体信息，然后给出异常的类型。例如下面例子中，红色部分显示的是 Python 在程序运行过程中发生的各种异常（在 IDLE 环境下运行）。

```
1.  >>> 10 * (1/0)
2.  Traceback (most recent call last):
3.    File "<pyshell#13>", line 1, in <module>
4.      10 * (1/0)
5.  ZeroDivisionError: division by zero
6.
7.  >>> 4 + spam*3
8.  Traceback (most recent call last):
9.    File "<pyshell#14>", line 1, in <module>
10.     4 + spam*3
11. NameError: name 'spam' is not defined
12.
13. >>> '2' + 2
14. Traceback (most recent call last):
15.   File "<pyshell#15>", line 1, in <module>
16.     '2' + 2
17. TypeError: must be str, not int
```

Python 中所有的异常都派生于 BaseException 基类（类的知识我们将在后面介绍）。为应对各种可能的错误场景，Python 定义了种类丰富的内置异常，下面是 Python3.6 版本中的异常派生表：

```
1.
2.  BaseException
3.   +-- SystemExit
4.   +-- KeyboardInterrupt
5.   +-- GeneratorExit
6.   +-- Exception
```

```
7.          +-- StopIteration
8.          +-- StopAsyncIteration
9.          +-- ArithmeticError
10.         |    +-- FloatingPointError
11.         |    +-- OverflowError
12.         |    +-- ZeroDivisionError
13.         +-- AssertionError
14.         +-- AttributeError
15.         +-- BufferError
16.         +-- EOFError
17.         +-- ImportError
18.         |    +-- ModuleNotFoundError
19.         +-- LookupError
20.         |    +-- IndexError
21.         |    +-- KeyError
22.         +-- MemoryError
23.         +-- NameError
24.         |    +-- UnboundLocalError
25.         +-- OSError
26.         |    +-- BlockingIOError
27.         |    +-- ChildProcessError
28.         |    +-- ConnectionError
29.         |    |    +-- BrokenPipeError
30.         |    |    +-- ConnectionAbortedError
31.         |    |    +-- ConnectionRefusedError
32.         |    |    +-- ConnectionResetError
33.         |    +-- FileExistsError
34.         |    +-- FileNotFoundError
35.         |    +-- InterruptedError
36.         |    +-- IsADirectoryError
37.         |    +-- NotADirectoryError
38.         |    +-- PermissionError
39.         |    +-- ProcessLookupError
40.         |    +-- TimeoutError
41.         +-- ReferenceError
```

```
42.        +-- RuntimeError
43.        |     +-- NotImplementedError
44.        |     +-- RecursionError
45.        +-- SyntaxError
46.        |     +-- IndentationError
47.        |           +-- TabError
48.        +-- SystemError
49.        +-- TypeError
50.        +-- ValueError
51.        |     +-- UnicodeError
52.        |           +-- UnicodeDecodeError
53.        |           +-- UnicodeEncodeError
54.        |           +-- UnicodeTranslateError
55.        +-- Warning
56.              +-- DeprecationWarning
57.              +-- PendingDeprecationWarning
58.              +-- RuntimeWarning
59.              +-- SyntaxWarning
60.              +-- UserWarning
61.              +-- FutureWarning
62.              +-- ImportWarning
63.              +-- UnicodeWarning
64.              +-- BytesWarning
65.              +-- ResourceWarning
66.
```

　　除了上面的系统内置异常，用户还可以自定义适合特定场景的异常。Python对异常的处理是通过try语句来进行的，先看一个例子：

```
1.
2.  # 初始化工作
3.  iNum = 0
4.
5.  while True:
6.    # pass
7.    try:
8.      iNum = int(input("请输入一个数值: ")) # 从键盘输入一个数据，引号内参数为提示信息
```

```
9.        break
10.    except ValueError:
11.        print("Oops! 这不是一个正确的数据，请重试! \n")
12.
13.
14. # 输出输入的数值
15. print("你输入的整数是:", iNum)
16.
```

读者在验证这段代码时，可故意输入非整数数据，如字符串、浮点数等，以引发异常，查看运行过程。

try 语句运行时，首先运行 try 语句块（try 和 except 之间的语句），在运行 try 语句块过程中，如果没有发生异常，则执行语句块直到完毕，并忽略后面的 except 语句块；如果发生了异常，则发生异常的语句之后的 try 语句块被忽略，进入 except 语句块，如果发生的异常的名称与 except 关键词后的某个异常名称相匹配，则执行相应的 except 子句的语句块；如果产生的异常名称与 except 关键词后的异常名称没有匹配上，则这个异常会传递到上层 try 语句块中，交由上层处理。如果最终没有任何处理语句与之匹配，则程序终止运行，输出异常信息。

try 语句有两种使用方式：

① try...except 方式，这种方式下可以增加 else 子句、finally 子句，这是最常用的方式；

② try...finally 方式，这种方式下只有这一个 finally 子句，实际上并没有对异常做任何处理，因此用得较少。

try 语句的语法规则如下：

```
try_stmt  ::=  try1_stmt | try2_stmt
1.  try1_stmt ::=  "try" ":" suite
2.                 ("except" [expression ["as" identifier]] ":" suite)+
3.                 ["else" ":" suite]
4.                 ["finally" ":" suite]
5.  try2_stmt ::=  "try" ":" suite
6.                 "finally" ":" suite
7.
```

其中 suite 表示由一个或多个语句组成的语句块。一个 try 语句中的每个 except 子句用来处理不同的异常；一个 except 子句可以同时处理多个异常，这些异常可放在一个小括号里组成一个元组；一个 try 语句中可以有 else 子句，开发者如果使用这个子句，那么必须将它放在所有的 except 子句之后，这个子句将在 try 语句块没有发生任何异常的时候执行。

在 except 子句对发生的异常进行处理时，如果没有发生异常，则 else 语句会被执行（如果存在 else 语句的话），即 else 子句是相对于 except 子句的，但是 else 子句只能有一个，不能像 except 子句那样可以有多个。

在实际开发过程中，一般把一个没有expression表达式的except子句放在最后，用来处理前面except子句没有匹配上的其他各种异常，也就是"兜底"，在这个"兜底"的except语句块中，开发者可以输出一个错误信息，然后再次把这个异常抛出，让上层调用者处理这个异常。

下面通过一个比较完整的程序说明以上几种情况，其中代码中用到的文件test.txt的内容如下：

```
123.2
test char...
456

ab
100
```

test.txt文件中的字符行、空格行是故意输入的，可以测试代码的容错性和健壮性。下面是具体的测试代码：

```
1.
2.  # 通过读取一个文本文件，把每行内容转换为浮点数，
3.  # 最后，输出浮点数值之和。
4.  try:
5.      inFile = open("test.txt", "r")    # open等文件操作具体介绍见第四章
6.
7.  except FileNotFoundError as err:
8.      print("文件不存在，退出。");
9.      print( err)
10.     exit();
11. else:
12.     print("文件已经打开，继续执行条件OK!")
13.     print('*'*36)
14.
15.     fsum = 0.0
16.     while True:
17.         try:
18.             line_raw = inFile.readline()
19.             if not line_raw:  # 读到文件结尾了，退出循环
20.                 break;
21.
```

```
22.             line = line_raw.strip();
23.             if( line=="" ): continue;      # 忽略空行
24.
25.             num = float(line)
26.             print("read number is: %f" % num)
27.             fsum += num;
28.
29.         except IOError as err:        # 如果文件不存在
30.             print("\nIOError is occured:", err, end="\n\n")
31.         except ValueError as err:   # 如果类型转换引发异常
32.             print("\nValueError is occured:", err, end="\n\n")
33.         except:
34.             print("Unexpected error:")
35.             raise      # raise不带参数，则重新引发最后一个异常错误
36.     # end of while loop...
37.
38. finally:
39.     inFile.close();   # 不要忘记关闭打开的文件
40.     print("关闭文件...")
41.
42. print("\n***所有数据之和是:", fsum);
43.
```

输出结果为：

```
1.
2.  文件已经打开，继续执行条件OK!
3.  ********************************
4.  read number is: 123.200000
5.
6.  ValueError is occured: could not convert string to float: 'test char...'
7.
8.  read number is: 456.000000
9.
10. ValueError is occured: could not convert string to float: 'ab'
```

```
11.
12. read number is: 100.000000
13. 关闭文件...
14.
15. ***所有数据之和是: 679.2
16.
```

在运行上面的代码时，test.txt 文件需要和测试代码文件在同一个目录下。读者可以故意把 test.txt 文件方在另外一个目录下，测试第 7 行的异常 FileNotFoundError。

从输出结果看，整个程序并没有在发生异常的时候退出，而是对各种异常做了优雅的处理，从而使程序继续完成后续的文件读取、数据转换和输出工作。从这里可以看出程序代码中异常处理的重要性和必要性。

在 except 子句中有一个"as"关键字，后面跟着一个变量名称 identifier，用来给这个异常起一个变量名称，在 except 语句块中可以通过这个变量名称来访问关于异常的有关信息，如描述、原因、上下文信息等，在 except 语句块执行完毕后这个变量自行清除。

finally 子句必须放在 try 语句的最后，也被称为"清理(cleanup)"子句，无论什么情况下它都会执行，即使在 try 语句块中执行了 return、break 或者 continue 语句，也一样执行。finally 子句是可选项，但建议开发者不要忽略它，try 语句块中没有处理但又需要处理的一些工作可以在这里实现，如打开的文件需要关闭、数据库的连接需要关闭等。

下面再举个简单的例子来说明。

```
1.
2.  # 定义一个除法函数
3.  def divide(x, y):
4.      # do something...
5.      try:
6.          result = x / y
7.
8.      except ZeroDivisionError:
9.          print("Division by zero!")
10.     else:
11.         print("Result is", result)
12.     finally:
13.         print("Executing finally clause.")
14.
15.     print();
16.
```

```
17.
18. # 在各种情况下，测试finally子句运行情况
19. #
20. print("正常情况下：")
21. divide(2, 1)
22.
23. #
24. print("发生异常，但代码本身能够捕获：")
25. divide(2, 0)
26.
27. #
28. print("发生异常，但代码不能够捕获，推给系统：")
29. divide("2", 1)
30.
```

输出结果为：

```
1.
2.  正常情况下：
3.  Result is 2.0
4.  Executing finally clause.
5.
6.  发生异常，但代码本身能够捕获：
7.  Division by zero!
8.  Executing finally clause.
9.
10. 发生异常，但代码不能够捕获，推给系统：
11. Executing finally clause.
12. Traceback (most recent call last):
13.   File "D:\test.py", line 29, in <module>
14.     divide("2", 1)
15.   File "D:\test.py", line 6, in divide
16.     result = x / y
17. TypeError: unsupported operand type(s) for /: 'str' and 'int'
18.
```

从输出结果可看出，无论何种情况，finally子句都会执行。所以很多情况下开发者会把一些清理工作放在这里，这也是它被称为"清理"子句的原因。

3.8 模块和包

3.8.1 Python模块

3.8.1.1 模块定义

Python 模块(Module)是一个 Python 文件，文件扩展名为py，模块里包含了 Python 对象定义和可执行语句。把相关代码分配到一个模块里可以使程序的逻辑结构更清晰、更易懂。在模块内部，模块的名称可以通过全局变量 __name__ 来访问获取。例如下面是一个生成斐波那契数列的fibo模块（fibo.py）。

```python
1.
2.  # fibo.py
3.
4.  # Fibonacci数列模块
5.  def fib_Output(n):      # 输出Fibonacci数列
6.      a, b = 0, 1
7.      while b < n:
8.          print(b, end=' ')    # 不回车，以空格结束
9.          a, b = b, a+b
10.     print()
11.
12. def fib_Result(n):      # 通过一个列表返回Fibonacci数列
13.     result = []
14.     a, b = 0, 1
15.     while b < n:
16.         result.append(b)
17.         a, b = b, a+b
18.     return result
19.
20. def fib_Name():
21.     name = __name__
22.     return(name);
23.
24.
```

```
25. if __name__ == "__main__":
26.     import sys
27.     fib_Output(int(sys.argv[1]))
28.
```

3.8.1.2　模块使用

在3.2.6节中我们介绍过一个模块导入到其他模块中的方式，这里我们再补充介绍一下。模块的使用有两种方式：一种是自己作为程序入口，另一种是导入到其他模块中，作为其他模块的组件来运行。访问模块中的函数或变量时采用下面的格式：

模块名称.函数(变量)名

这种约定能有效防止不同模块间函数或变量名称的冲突，使开发者在定义函数或变量名称时无需担心其他模块中是否有同名函数或变量。

下面一段代码是fibo模块（fibo.py）被test.py文件调用的情况。

```
1.
2. import fibo
3.
4. # 这里可以直接使用fibo模块（fibo.py文件）中的函数
5. # 输出Fibonacci数列
6. fibo.fib_Output(110)
7.
8. result = fibo.fib_Result(110)
9. print(result)
10.
11.
12. print(fibo.fib_Name())    # 调用函数返回fibo模块名称
13. print(fibo.__name__)      # 也可以这样使用
14.
```

输出结果为：

```
1.
2. 1 1 2 3 5 8 13 21 34 55 89
3. [1, 1, 2, 3, 5, 8, 13, 21, 34, 55, 89]
4. fibo
5. fibo
6.
```

开发者也可以把一个模块当做一个脚本来执行（就像在命令窗口中执行命令的方式一样）。例如可以使用下面的方式运行上面的fibo模块（fibo.py）：

```
1.
2.  python fibo.py <arguments>
3.
```

这时就会直接运行"if __name__ == "__main__"："语句后面的代码了，在这里，Python会以命令行的第一个实际输入参数arguments值作为fib_Output函数的参数值，输出Fibonacci数列。

3.8.1.3　模块搜索路径

当通过import导入一个模块时，Python解释器按照以下步骤寻找模块文件（以fibo.py为例）：

① 搜索Python内置模块，查看是否有名称为fibo的模块，如果找到了，则搜索结束，否则继续搜索，进入下一步；

② 按sys.path中列出的路径进行搜索。sys.path是一个列表对象，列出了模块搜索路径，其中sys.path[0]是模块当前路径，如果找到模块，则搜索结束；如果没有找到，则提示ModuleNotFoundError错误。

sys.path列表中的搜索顺序如下：

① 当前目录，即当前源代码文件所在目录；

② 系统环境变量PYTHONPATH（如果存在的话）包含的路径；

③ Python系统安装的目录。

在实际应用中，由于sys.path是一个列表对象(list)，所以开发者可以对其进行修改，如添加特定的搜索目录：

```
1.
2.  import sys
3.  sys.path.append('E:/plib/applib')
4.
```

开发者可以在系统环境中设置PYTHONPATH环境变量，如把自己编写的Python模块添加到PYTHONPATH中，这样Python解释器就可以搜索到了。

sys是Python系统自带的内置模块，使用时需要使用import导入，它提供了很多非常实用的服务，感兴趣的读者可查找相关资料深入了解。

3.8.1.4　模块的编译

为了提高效率，Python可对模块源代码文件进行编译，生成.pyc字节码文件，这样当Python解释器每次加载模块时，会首先检查源代码文件的最后一次修改时间和字节码文件的生成时间是否一致，如果不一致，会先重新编译，然后再加载；如果一致，则直接加载。这些过程都是自动进行的。一般情况下，生成的pyc字节码文件会放在源代码文件所在目录的子目录__pycache__下。

编译生成的字节码文件是独立于系统平台的，也就是说，在一个系统上编译的字节码文件，可以在其他系统上运行，这点类似于Java机制：write once run everywhere。

字节码文件的命名方式充分考虑了以后的兼容性和可读性，其命名约定规则是：

module.version.pyc

其中module是模块名称，也即源代码文件（py文件）的名称；version是解释器版本号。如fibo.py文件经过编译后的名称为fibo.cpython-36.pyc，其中fibo是模块名称，cpython-36指所使用的解释器是cpython，版本号是3.6。这种命名方式允许采用不同版本解释器生成的字节码文件同时存在。

生成单个pyc文件的命令格式如下：

```
1.
2.  # 命令窗口
3.  python -m py_compile file.py
4.
```

如果要将某个目录及其子目录下的所有py文件重新编译一下，批量生成pyc文件，命令格式如下：

```
1.
2.  # 命令窗口
3.  python -m compileall E:/pysrc/
4.
```

注意：运行pyc文件只会加快模块加载的时间，而不会加快程序运行的时间；对于同一个模块，其pyc字节码文件和py源代码文件的运行速度是一样的，因为py文件在加载的过程中就被编译，编译之后格式就和pyc文件一致了。

另外，在Python 3.5之前的版本中，还有一种经过优化的编译文件，扩展名为"pyo"。在Python 3.5之后的版本中，"pyo"扩展名已经变为"opt-x.pyc"，这里x和优化的深度有关，如果以-O方式优化，表示编译后的文件不包括assert语句和__debug__相关语句，则扩展名为"opt-1.pyc"；如果以-OO方式优化，表示编译后的文件不仅不包括assert语句和__debug__相关语句，还要去除__doc__字符串，则扩展名为"opt-2.pyc"。例如：

```
1.  # 命令窗口
2.  python -O -m py_compile file.py
3.  # 生成文件名：file.cpython-36.opt-1.pyc
4.
5.  python -OO -m py_compile file.py
6.  # 生成文件名：file.cpython-36.opt-2.pyc
```

3.8.2　Python包

3.8.2.1　包的定义

在 Python 中，包（package）是一种对模块进行层次化管理的方法，一组模块集合构成一个包，每个模块的名称的形式为A.B，表示模块B隶属于包A；就像不同模块的开发者不必担心彼此的变量名称冲突，采用这种"圆点式模块名称"也可以使多模块包(如 NumPy 或 pandas)的开发者不必担心彼此的模块名称冲突。

例如要开发一组用于统一处理声音文件的模块。由于声音文件有多种格式，因此需要开发一些格式转换模块，同时还需要开发一组模块来对声音数据执行许多不同的处理（例如混音、添加回声、人造立体声效果等）。我们可以采用包的结构来完成这个项目：

```
1.
2.   sound/                       顶层包名sound(Top-level package)
3.        __init__.py             初始化sound包(Initialize the sound package)
4.        formats/                子包名称format(Subpackage for file format conversions)
5.             __init__.py
6.             wavread.py
7.             wavwrite.py
8.             aiffread.py
9.             aiffwrite.py
10.            auread.py
11.            auwrite.py
12.            ...
13.       effects/                子包名称effects(Subpackage for sound effects)
14.            __init__.py
15.            echo.py
16.            surround.py
17.            reverse.py
18.            ...
19.       filters/                子包名称filters(Subpackage for filters)
20.            __init__.py
21.            equalizer.py
22.            vocoder.py
23.            karaoke.py
24.            ...
25.
26.
```

在上面的层次结构中，包及子包中的文件 __init__.py 是必需的，即使它是一个空文件。正是 __init__.py 文件的存在，使得 Python 把上面这个层次结构当做一个包来看待。__init__.py 文件中可以包含所有其他模块能包含的代码（包括import语句），并且它所定义的对象（类、函数、变量）直接绑定到包的名称空间下，还可以完成一些包的初始化工作，后面我们再介绍。

3.8.2.2　包的导入

在使用包的时候，实际上使用的是包中所包含的模块，所以包的导入方式和前面讲到的模块导入方式一样。从某种角度上可以说，包是一种特殊的模块。当一个包被导入时，__init__.py 文件会自动被调用。例如在上面的例子中，如果导入 sound.formats 包，则会隐式自动执行 sound /__init__.py 和 sound/formats/__init__.py 文件

1）用 import 命令导入单个模块

使用 import 命令导入单个模块的语法格式如下：

```
1.  import sound.effects.echo
```

这个命令是把子模块 sound.effects.echo 导入，需要用全路径名称，假设要使用 echo 模块中的 echofilter() 函数，则语法格式如下：

```
1.  sound.effects.echo.echofilter(input, output, delay=0.7, atten=4)
```

2）用 from... import 命令导入单个模块

设用 from... import 命令导入模块 echo，则语法格式如下：

```
1.  from sound.effects import echo
```

此时调用 echo 模块中的 echofilter() 函数时，无需用包的名称做前缀：

```
1.  echo.echofilter(input, output, delay=0.7, atten=4)
```

也可以用这个命令直接导入要使用的函数或变量：

```
1.  from sound.effects.echo import echofilter
```

这个命令在导入函数的同时也导入了子模块 sound.effects.echo，后面在使用 echofilter() 这个函数时，可以直接省略函数前面的模块名：

```
1.  echofilter(input, output, delay=0.7, atten=4)
```

当采用"from package import item"形式导入模块时，item 可以是一个包中的模块、子模块，也可以是一个类、函数或变量。在导入时，Python 首先会检查包中是否定义了这个 item，如果包中没有定义，会认为这是一个模块，并试图导入；如果最后没有找到对应的模块，则会引发一个 ImportError 错误。

当采用"import item.subitem.subsubitem"形式导入模块时，除了最后一项（subsubitem），其他部分必须都是包或者子包，最后一项可以是模块或者包，但是不能为类、函数或变量名称。

你可能会采用以下语句来导入 sound.effects 包中的所有子包及模块：

```
from sound.effects import *
```

然后这个语句如果不加对象限定，可能会产生一些副作用（如出现递归搜索等），为此，Python 在 __init__.py 文件中定义了一个变量 __all__，来帮助解决这个问题，如在 sound/effects/__init__.py 文件中，可进行如下定义：

```
1.
2.  # sound/effects/__init__.py
3.  # ...
4.  __all__ = ["echo", "surround", "reverse"]
5.
```

这样，当使用 from sound.effects import * 语句时，Python 只导入 echo、surround、reverse 这三个模块。

如果没有在 sound/effects/__init__.py 文件中找到定义的 __all__ 变量，则语句 from sound.effects import * 只会把 sound.effects 模块导入，而所有其他子模块，如 echo、surround、reverse 等会被忽略。

3）相对路径导入

相对路径导入是基于当前模块的路径来搜索模块的，它使用符号"."表示当前包（当前路径），使用符号".."表示父包（父路径）。例如在当前模块 surround 中使用 echo、formats、equalizer 三个模块，可以采用如下语句：

```
1.
2.  from . import echo
3.  from .. import formats
4.  from ..filters import equalizer
5.
```

需要注意的是，由于主模块（程序入口执行模块）的名称永远是"__main__"，所以 Python 程序的主模块总是要用绝对路径导入其他模块。

4 文件和目录

4.1 文件操作

4.1.1 文件的概念

文件处理在任何计算机编程语言中的地位都非常重要。一个应用系统最基本的功能就是数据处理，而数据都是以文件的形式存储的；同时，"文件"这个概念在编程语言中不仅指存储数据的文件，像目录、进程、设备等也属于文件的范畴。

4.1.2 文件的打开

Python中，文件的打开用内置函数open（）实现，它返回一个file对象。open()函数的语法格式如下：

```
open(file, mode='r', buffering=-1,
    encoding=None, errors=None, newline=None, closefd=True, opener=None)
```

其中file参数可以是带有路径的文件名称（如果不带路径，则表示文件在当前工作目录下），或者是另外一个文件的文件描述符（非负整数）。

Mode是可选参数，选项含义见表4-1。

表4-1　参数mode选项含义

选项	含义
r	以只读方式打开文件（默认）。文件指针置于文件的开头
w	以只写方式打开文件。如果文件已经存在，则打开文件，清空原有内容，将文件指针置于文件的开头；如果文件不存在，则创建一个文件，并将文件指针置于文件的开头
a	以追加方式打开文件。如果文件不存在，则创建一个新文件，文件指针置于文件的开头；如果文件已存在，则文件指针置于文件的结尾，将新内容写入已有内容之后，然后将文件指针置于文件的结尾

另外，在每个选项字符后面还可以附加字符b、t、+，分别表示以二进制模式打开文件、以文本模式打开文件、以可读写方式打开文件，组合方式见表4-2。

表4-2　参数mode选项的组合

模式	描述
r/rt	以文本模式+只读方式打开文件
rb	以二进制模式+只读方式打开文件
r+/rt+	以文本模式+可读写方式打开文件
rb+	以二进制模式+可读写方式打开文件
w/wt	以文本模式+只写方式打开文件

模式	描述
wb	以二进制模式+只写方式打开文件
w+/wt+	以文本模式+可读写方式打开文件
wb+	以二进制模式+可读写方式打开文件
a/at	以文本模式+追加方式打开文件
ab	以二进制模式+追加方式打开文件
a+/at+	以文本模式+追加方式打开文件，可写入，可读取
ab+	以二进制模式+追加方式打开文件，可写入，可读取

如果文件以二进制模式打开，则文件的I/O操作都是以字节为对象来完成的，不做任何解码操作；如果文件以文本模式打开，则文件的I/O操作都是以字符串为对象来完成的。

encoding是可选参数，其作用是设置编码/解码格式，这个参数只适合于文本模式。默认情况下采用locale.getpreferredencoding()返回的编码格式。

buffering是可选参数，只能为整数值。如果buffering=0，表示关闭缓存策略（只能在二进制模式下使用）；如果buffering=1，表示打开行缓存策略（只能在文本模式下使用）；如果buffering>1，表示采用以字节为单位的固定大小的缓存区进行缓存；如果没有设置，则默认buffering=-1，Python系统会按照内部的规则来设置缓存策略。

errors是可选参数，是一个字符串，这个参数只适合于文本模式，其作用是处理编码/解码过程中出现的异常错误，其常用的取值见表4-3。

表4-3　参数errors常用的取值

选项	含义
strict	引发一个UnicodeError，这是默认情况
ignore	忽略出现的异常错误。注意这会导致数据丢失
replace	在编码/解码过程中，把错误的数据替换为一个替代符号

newline是可选参数，这个参数只适合于文本模式，用来控制通用换行符模式。当从文件中读取数据时，如果newline=None，则读取的内容中的'\n'、'\r'或'\r\n'被转换为'\n'；如果newline=''，则读取的内容不做任何转换；如果newline等于'\n'、'\r'或'\r\n'，则读取的内容按照设定的值进行换行，但是内容不做任何转换。

当把内容写入文件时，如果newline=None，则'\n'被转换为系统默认的换行符写入文件；如果newline=''或者'\n'，则写入的内容不做任何转换；如果newline等于'\r'或者'\r\n'，则'\n'被转换为newline设定的值。

closed为可选参数，可为True或False，具体取值和参数file有关。如果file是一个文件描述符，则closed=False表示当此文件关闭时，文件描述符指向的文件保持打开状态，closed=True表示关闭文件描述符指向的文件；如果file为带路径的文件名称，则closed必须为True，否则会出错。

Opener为可选参数，其作用是选择一种API用来打开file文件。默认为None，表示用

os.open()打开文件。

　　open()函数返回的文件对象类型与打开模式有关。当以文本模式打开时，返回的文件对象类型是io.TextIOBase或io.TextIOWrapper；当以二进制模式打开时，返回的文件对象类型是io.BufferedIOBase或其子类。如果打开文件失败，则引发OSError异常错误。

4.1.3　文件的写入

　　文件写入操作是通过write()函数实现的，语法格式为：

```
fileObject.write( [str|bytes] )
```

　　write()函数返回写入的字符数或字节数。write()函数不会主动在行尾添加换行符，需要开发者自行处理，如添加'\n'，建议使用os.linesep，由系统来处理，具体请看后面的例子。

　　如果文件以文本模式打开，则以字符串形式写入；如果以二进制模式打开，则须以字节串形式写入（必要时进行字符串到bytes的转换），否则会引发TypeError异常错误。

4.1.4　文件的读取

　　为了能够读取文件内容，文件必须以可读方式打开，如'\rt'、'\rb'、'\w+'、'\ab+'等。

　　一般用read(size)、readline()函数来读取打开文件的内容。其中read(size)函数用来读取指定长度的内容，如果size参数没有指定，则读取所有内容；readline()函数读取文件中的一行内容，其中包括了回车换行符。

4.1.5　文件的关闭

　　关闭一个打开的文件使用close()函数，不需要任何参数，其语法格式为：

```
fileObject.close()
```

　　下面通过一段实例代码来说明文件操作常用函数，这个实例的功能是从文件bank_customer.csv中挑选符合特定条件的数据，输出到query.csv文件中。文件bank_customer.csv的部分样例数据如下：

信用等级,年龄,收入等级,拥有信用卡数量,教育程度,车贷数量

```
Bad,40,Medium,5 or more,High school,More than 2
Good,56,High,Less than 5,High school,None or 1
Good,50,Medium,5 or more,High school,More than 2
Bad,20,Medium,Less than 5,College,None or 1
Bad,39,Medium,5 or more,High school,More than 2
```

　　现选出年龄大于30小于等于50的客户，输出信用等级,年龄,教育程度三个字段，代码如下：

```
1.
2.  import os, sys
3.
4.  # 读取输入文件的内容，挑选出符合一定条件的内容，写入另外一个文件
5.  try:
6.      # 打开输入文件
7.      inFile = open("bank_customer.csv", "r", encoding="utf-8")
8.
9.      # 创建一个新文件用于输出
10.     outFile = open("query.csv", "w+", encoding="utf-8");
11.
12. except FileNotFoundError as err:
13.     print("文件不存在，退出。");
14.     print( err)
15.     sys.exit();
16. except:
17.     print("Unexpected Error!");
18.     sys.exit();
19. else:
20.     print("文件已经打开，继续执行条件OK!")
21.
22.     # 开始循环处理文件内容...
23.     iNumLines = 0    # 输入文件第一行为文件头，包含了字段名称
24.     while True:
25.         try:
26.             line_raw = inFile.readline();
27.             if (not line_raw):  # 读到文件结尾了，退出循环
28.                 break;
29.
30.             line = line_raw.strip()    # 去除前后空格，一个预处理工作
31.             if( line=="" ): continue    # 忽略空行
32.
33.             # 处理数据
34.             fields = line.split(sep=",");
```

```
35.            if( iNumLines==0 ):   # 写入挑选的字段名称
36.                lineInfo = fields[0]+","+fields[1]+","+fields[4]+os.linesep
37.                outFile.write(lineInfo)
38.                iNumLines += 1;
39.                continue;
40.
41.            age = int(fields[1])
42.            if(age>30 and age<=50):   # 挑选的条件
43.                lineInfo = fields[0]+","+fields[1]+","+fields[4]+os.linesep
44.                outFile.write(lineInfo)
45.                iNumLines += 1;
46.            else:
47.                continue   # 继续读取新内容
48.
49.        except ValueError as err:   # 如果类型转换引发异常
50.            print("\nValueError is occured:", err, end="\n\n")
51.        except:
52.            print("Unexpected error:")
53.
54.    #end of while loop...
55.
56. finally:
57.    if( 'inFile' in dir() ):
58.        inFile.close()
59.
60.    if( 'outFile' in dir() ):
61.        outFile.close()
62.
63. print("数据处理完毕... 共处理了 %d 行" % (iNumLines-1));   # 有一行是文件头
64.
```

4.1.6　常用文件操作函数

为了实现对文件的各种操作，Python 提供了相关操作函数，表4-4所示是以文本模式操作文件的函数列表，以二进制模式操作文件的方式与此类似。

表4-4　以文本模式操作文件的函数

函数	简要描述
close()	关闭一个打开的文件。如果文件已经关闭，没有任何影响。无返回值
detach()	从TextIOBase对象中分割并返回底层的二进制缓存区
fileno()	返回文件的描述符（一个整数）
flush()	刷新文件写缓存区。无返回值
isatty()	文件是否可交互。如果可交互返回True，否则为False。实际上如果文件连接到一个终端设备返回 True，否则返回 False
read(n)	最多读取n个字符。如果n为None或负数，则返回从文件当前位置直到文件结尾的所有内容
readable()	是否可以对文件进行读取操作，返回True或者False
readline(n=-1)	如果没有指定参数n，则读取并返回一行内容，包括回车换行符；如果指定了一个非负整数，则返回指定大小的字节数，包括 \n 字符
readlines(n=-1)	如果没有指定n，则以列表list的形式读取并返回文件内容。一行内容作为一个元素。如果指定了n，且没有到文件结尾，则至少读取n个字符，继续读取直到一个换行符
seek(offset,from=SEEK_SET)	改变当前文件指针的位置。offset为移动的偏移量，可为负值，表示向后移动；from为offset的参照位置，取值如下： SEEK_SET 或 0：文件的起始位置，这是默认值； SEEK_CUR或1：当前位置； SEEK_END或2：文件的结尾
seekable()	返回文件是否可以随机读写。返回值为True或者False
tell()	返回当前文件读写的位置
truncate(size=None)	把文件大小调整为size指定的字节数。如果当前文件大小小于size，则扩充的部分以'0'补充。如果没有参数，则调整到当前文件位置的大小。
writable()	是否可以对文件进行写入操作，返回True或者False
write(s)	向文件写入字符串。返回值为写入字符的个数
writelines(lines)	向文件写入一个列表的字符串，一个元素一行，无返回值

4.2　目录操作

Python系统的os模块提供了一系列操作目录（包括文件）的方法。

1）获取当前工作目录

当前工作目录是正在运行的程序代码所在的目录，可以用os模块的getcwd()或者getcwdb()函数获得当前工作目录。其中getcwd()返回的是字符串，getcwdb()返回的是字节序列。在IDLE环境下演示代码如下：

```
1.
2.  >>> import os
3.  >>> os.getcwd()
4.  'E:\\DevSys\\python'
5.  >>> os.getcwdb()
6.  b'E:\\DevSys\\python'
7.  >>>
8.
```

2）改变当前工作目录

可以用os模块的chdir()改变当前工作目录，把新的工作路径以字符串形式提供给chdir()，路径分隔符使用"/"或"\\"。路径名称如果不存在，会出现FileNotFoundError错误。在IDLE环境下演示代码如下：

```
1.
2.  >>> import os
3.  >>> os.getcwd()
4.  'E:\\DevSys\\python'
5.  >>> os.chdir("E:\\Develop")
6.  >>> os.getcwd()
7.  'E:\\Develop'
8.  >>>
9.
```

3）创建新目录

os模块提供的mkdir()函数用来创建新目录，默认在当前工作目录下创建。如果要创建的新目录已经存在，则创建时会引发FileExistsError异常错误。在IDLE环境下演示代码如下：

```
1.
2.  >>> import os
3.  >>> os.mkdir("E:\\myABC")
4.  >>> os.mkdir("E:\\myABC")
5.  Traceback (most recent call last):
6.    File "<pyshell#27>", line 1, in <module>
7.      os.mkdir("E:\\myABC")
8.  FileExistsError: [WinError 183] 当文件已存在时，无法创建该文件。: 'E:\\myABC'
9.  >>>
10.
```

4）目录或文件的重命名

可以用 os 模块的 rename() 函数将一个目录或文件重命名。在 IDLE 环境下演示如下：

```
1.
2.  >>> import os
3.  >>> os.rename("E:\\myABC\\code", "E:\\myABC\\myCode")
4.  >>> os.rename("E:\\myABC\\myCode\\test.py", "E:\\myABC\\myCode\\mytest.py")
5.  >>>
6.
```

rename() 函数中，第一个参数为原来的路径名称或文件名称，第二个为新的路径名称或文件名称。

5）列表目录及文件

可以使用 os 模块提供的 listdir() 函数返回给定目录下的子目录及文件的列表，如果没有给定参数，则返回当前工作目录下的子目录及文件列表。在 IDLE 环境下演示如下：

```
1.
2.  >>> import os
3.  >>> lst = os.listdir("E:\\myABC")
4.  >>> print(lst)
5.  ['get_kpi.py', 'myCode', 'ReadME.txt', 'test01.py']
6.  >>> os.listdir()   # 当前工作目录
7.  ['MyJava', 'MyPython', 'MyGo', 'MyVC']
8.  >>>
9.
```

6）目录或文件的删除

删除一个目录可以使用 os 模块提供的 rmdir() 函数或者 shutil 模块提供的 rmtree() 函数。其中 os.rmdir() 只能删除空目录，而 shutil.rmtree() 可以删除非空目录。注意传给这两个函数的参数只能是路径，不能是文件名称，否则会引发 FileNotFoundError 异常错误。

删除一个文件需要用到 os 模块提供的 os.remove() 函数，其参数为将要删除的文件名称，如果没有提供完整路径，则在当前工作目录下寻找文件。在 IDLE 环境下，上面的功能演示如下：

```
1.
2.  >>> import os
3.  >>> import shutil
4.  >>> os.chdir("E:\\myABC")
```

```
5.  >>> os.listdir()
6.  ['get_kpi.py', 'myCode', 'ReadME.txt', 'test01.py']
7.  >>> os.listdir()
8.  ['emptydir', 'get_kpi.py', 'myCode', 'ReadME.txt', 'test01.py']
9.  >>> os.rmdir("E:\\myABC\\emptydir")
10. >>> os.rmdir("E:\\myABC\\myCode")
11. Traceback (most recent call last):
12.   File "<pyshell#55>", line 1, in <module>
13.     os.rmdir("E:\\myABC\\myCode")
14. OSError: [WinError 145] 目录不是空的。: 'E:\\myABC\\myCode'
15. >>> shutil.rmtree("E:\\myABC\\myCode")
16. >>> os.remove("test01.py")
17. >>>
18.
```

　　下面我们举一个相对比较完整的例子，根据输入的目录，寻找并输出该目录下所有的.py文件（包括子目录下的.py文件）。这个例子涵盖了函数定义、函数调用、列表、while循环语句、break语句等多个方面，并包含os模块的path类的使用。实例代码如下：

```
1.
2.  import os
3.  import os.path
4.
5.  # 搜索目录下所有的py文件（包括子目录）
6.  pyFiles = []    # 存放 .py文件
7.
8.  def getPyFiles(path, pyFiles):
9.      fileList = os.listdir(path)   # 文件及子目录列表
10.     for file0 in fileList:
11.         path0 = os.path.join(path, file0)
12.         if True==os.path.isdir(path0):
13.             getPyFiles(path0, pyFiles)
14.         elif 'PY'==path0[path0.rfind('.')+1:].upper():
15.             pyFiles.append(path0)
16.         else:
17.             pass
18. #end of function getPyFiles()
```

```
19.
20.
21. def run():
22.     while True:
23.         path = input('请输入路径:').strip()
24.         if os.path.isdir(path) == True:
25.             break
26.
27.         print("不是一个有效的目录，请重新输入路径。")
28.     # end of while loop...
29.
30.     getPyFiles(path, pyFiles)
31.     for file in pyFiles:
32.         print(file)
33.     print("*******共有 %d 个.py文件." % len(pyFiles))
34.
35.
36. if(__name__=="__main__"):
37.     run()
38.
```

5 类与对象

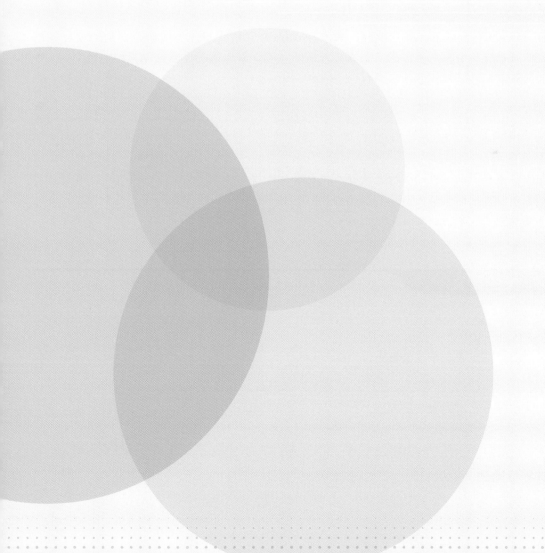

Python语言是一门面向对象的语言，而类是面向对象编程OOP（Object Oriented Programming）的基础，因此Python天然继承了类的基因：封装性、继承性和多态性，一个对象是类的一个实例。

5.1 面向对象编程

简单的应用系统可以采用面向过程的程序设计语言来开发，其程序包含一个主过程和若干个子过程，每个子过程用来处理某个单元，主过程自顶向下调用各个子过程，从而解决整个问题。采用面向过程的程序设计方法，如果对某段代码进行修改，一般相关的部分都要进行相应的修改，这往往需要耗费大量的时间，可维护性差。

面向对象编程的思想是将系统涉及的各个事物进行抽象分类，从而将系统的关系结构抽象为类和类之间的关系，各个类之间通过方法的调用实现交互，这样就会使系统的逻辑关系理解起来非常容易。各种各样的大型软件系统，如运营商的业务运行支撑系统BOSS（Business Operation Support System）、银行的核心数据库系统、ERP系统、数据仓库及商业智能BI（Business Intelligence）平台、基于Hadoop的大数据平台等的建设都是一项复杂的工程，这些系统一般都是采用面向对象的方法开发的。与传统的面向过程的程序设计方法相比，面向对象的程序设计方法主要有以下优点。

① 程序的可维护性好，易于阅读和理解，降低了程序的复杂性。

② 开发者可以很容易地添加或删除类的属性。

③ 类相对独立，自成一体，可以复用，提高了开发效率。

④ 类的可扩展性好。

面向对象和面向过程的编程方法并不相互排斥，我们无法避免对流程的处理，函数本身的实现也是过程化的；面向对象的思想为我们提供了一个更合理的程序设计方案，使我们能够更加高效地完成系统的开发。

5.2 类的定义

Python的类混合了C++和Modula-3（也是一种面向对象的编程语言）中的类机制，并添加了新的语法。类有三个基本特点：

➤ 继承性：允许继承多个基类，派生类可以调用基类的函数，也可以对其进行重写，在已有类的基础上增添新的函数。

➤ 封装性：对其他对象隐藏私有成员。

➤ 多态性：同一名称下根据输入数据的变化执行不同的代码。

在Python中，类class的定义格式如下：

```
1.  class ClassName:
2.      """类的说明文档docstring，通过__doc__访问。单引号也可以"""
3.      <statement-1>
4.          .
5.          .
6.          .
7.      <statement-N>
8.
```

类的命名建议采用大驼峰风格（CapWords）。类在实例化之前必须先定义。定义时一般在第二行的位置加文档说明docString，以连续三个单引号或双引号开始和结束，如：

```
1.
2.  class Customer:
3.      '''客户类的DocString，客户说明及注意事项'''
4.
5.      name = ""          # 客户姓名
6.      nation = ""        # 国籍
7.      telphone = ""      # 客户电话
8.      sex  = "male"      # 客户性别，可以赋初值
9.
10.     # 类实例化时的初始化工作
11.     def __init__(self):
12.         self.nation = "China"
13.
14.     # 设置客户电话
15.     def setTel(self, phone):
16.         self.telphone =  phone;
17.         return
18.
19.     # 获取客户电话
20.     def getTel(self):
21.         return self.telphone
22.
23. # end of class Customer
24.
```

```
25.
26. if(__name__=="__main__"):
27.     cust = Customer();
28.
29.     cust.setTel("13800138000");
30.     print("设置电话 :", cust.getTel())
31.
32.     print("默认国籍 :", cust.nation );
33.     print("DocString:", Customer.__doc__)
34.
```

上面例子中，类Customer定义了name、sex、telphone三个成员变量以及setTel()、getTel()两个成员函数。其中setTel()用来设置客户电话，getTel()用来获取客户电话。在第33行，对类的docString的访问是通过"类名称.__doc__"方式直接访问的，因此可以称__doc__是一个类属性，即不需要通过类的实例对象来访问。

5.2.1 __init__()函数

一个目录中如果出现__init__.py文件，则Python会认为这是一个包，在__init__.py文件中可以做一些包的初始化工作。在类的定义中有类似的一个函数__init__()，作用是初始化对象，当创建对象时自动调用。__init__()函数一般作为类定义中的第一个函数，有点类似于C++或Java中的构造函数，其定义格式如下：

```
1.
2. def __init__(self, optional_other_parameters):
3.     """docstring"""
4.     statement(s)
5.
```

Python的类的成员函数在定义时第一个参数为self，指类的对象自身（注意不是类），类似于C++语言中的this指针。self参数有点特殊，它不需要调用者输入，而是由系统自动添加；self也可以用其他名称代替，如myObj、this等，不会对程序有影响，但是还是强烈建议使用约定俗成的名称self。

optional_other_parameters参数是可选的，数量不限，具体请看后面的实例。

5.2.2 成员定义

Python语言比较灵活，一个变量不用事先声明就可以直接使用，类的成员变量可以在很多位置定义，包括：

① __init__()函数中；
② 成员函数内部；
③ 成员函数外部；
代码实例如下：

```python
1.
2.  class MyCar():
3.
4.      #0 在类头部
5.      name = "雪铁龙"    # 定义一个属性 name   名称
6.      year = 2010          # 定义一个属性 year   生产年份
7.
8.      #1 在__init__()函数中
9.      def __init__(self, car_color, car_horse=1.6):
10.         self.color = car_color    # 这里定义了一个 color 颜色属性
11.         self.horse = car_horse    # 这里定义了一个 horse 马力属性
12.
13.     #2 在普通函数中
14.     def make(self):
15.         self.factory = "中国一汽"  # 这里创建了一个 factory 厂商属性
16.         self.color = "Red"   # 可以修改前面定义的属性
17.         self.year  = 2018    # 可以修改后面定义的属性
18.
19.    #4 在函数之间
20.    weight = 1800  # 定义一个属性 重量
21.
22.     def showInfo(self, msg):
23.         print(self.name, self.year)
24.         print(self.color, self.horse, self.factory)
25.         print(self.weight, self.height)
26.         print(msg)
27.
28.     #5 在类尾部
29.     height = 1.6    # 定义一个属性 高度
30.
31. # end of class MyCar...
32.
```

```
33.
34. car = MyCar("Blue");
35. car.make();   # 需要先执行一下，否则属性 factory 不会生效
36. car.showInfo("------------------------");
37.
```

输出结果为：

```
1.  雪铁龙 2018
2.  Red 1.6 中国一汽
3.  1800 1.6
4.  ------------------------
5.
```

成员变量如果是在成员函数中定义的，在这个成员函数运行之前是不会生效的，例如第15行中，类成员factory是在函数make()中定义的，若把第35行删除，则会引发AttributeError错误。

从Python程序运行的角度看，类的成员变量有类变量和对象变量之分，类变量可被所有类实例（类对象）和类自身直接访问，对象变量只能通过特定对象访问；在上例中，name、year、weight、height都属于类变量，其他定义在函数内的变量都属于对象变量。由于Python内部存储的机制，如果类变量属于不可变类型（数值型、字符串型、元组型、字节串型等），其值的改变不会反映到其他对象中去，影响是局部性的；如果类变量是可变类型（列表、字典、字节串数组bytearray等），其值的改变不会反映到其他对象中去，影响是全局性的。

从这个实例中可以看出，类的成员定义是相当灵活的，对初学者来说会有一种混乱的感觉，为了使代码清晰可读，建议初学者在进行类的定义时采用以下原则。

（1）类变量定义在类头部，即doctString之后，__init__()函数之前。

（2）对象变量定义在__init__()函数中，建议在所有类中都定义此函数。

（3）仅在成员函数内使用的变量，在函数内部定义。

（4）辅以合适的注释说明变量或函数的作用等信息。

（5）辅以合适的注释说明类或函数的结束，例如：# end of class XXX。

（6）所有变量（包括成员函数）的名称要符合标识符命名规则。

Python没有像其他语言那样用public、private等关键字强制设置类成员的可访问性，在Python现有版本中默认的成员函数和成员变量都是公开的，开发者可通过变量命名方式来设置私有成员：以连续两个或两个以上下画线开始，以至多一个下划线结束来命名；私有成员只有类自己能够直接访问，子类和外部不能直接访问，例如：

```
1.  # 正确的私有变量名称实例
2.  __var  = 12
3.  __var_ = "Python"
```

```
4.   ___var  = ("East", "West", "South", "North")
5.   ___var_ = [12, 23, 34, 45, 56, 67, 78, 89]
6.
```

如果以单下划线开始来命名一个类成员，则只有类和子类可以直接访问它，外部模块不能用 from...import... 方式访问，但不建议采用这种方式，因为以单下划线开始的对象名字有特殊含义，用这种方式容易产生副作用。

注意：不要用双下划线开始、双下划线结束的方式命名类成员！因它专门用来标识 Python 里的特殊方法，有特定用途。

5.3 对象创建

创建一个类的对象的语法格式如下：

```
objVar = ClassName(optional_parameters)
```

其中 optional_parameters 是可选的，它来自 __init__() 函数的参数。当创建一个对象时，Python 首先创建一个空对象，然后执行 __init__() 函数。__init__() 函数的参数正是 optional_parameters。

对象创建其实就是类的实例化。对象创建后就可以访问类的成员，语法格式如下：

```
objVar = ClassName(optional_parameters)
objVar.attribute
objVar.method()
```

下面例子展示了类的定义、对象的创建和使用，同时也是上一小节知识点的示例。

```
1.
2.  class Customer:
3.      '''客户类的docString，客户说明及注意事项'''
4.
5.      # 在这里定义  类变量
6.      nation   = "中国"   # 国籍
7.      helpFund = 0        # 互助基金，不可变对象
8.      helpEvents = []     # 互助活动列表，可变对象
9.      __salary = 0        # 工资，类变量中的私有变量
10.
11.     # 类实例化时的初始化工作，在这里定义对象变量
12.     def __init__(self, nation ="中国"):
```

```
13.          self.name = ""          # 客户姓名
14.          self.province = ""      # 客户省份，设置了一个默认值
15.          self.sex  = ""          # 性别
16.          self.__phone = ""       # 联系电话，对象变量中的私有变量
17.          self.nation  = nation
18.
19.      # 设置信息
20.      def setInfo(self, name, province, sex, salary):
21.          self.name     = name
22.          self.province = province
23.          self.sex      = sex
24.          self.__salary = salary
25.
26.      # 获取信息
27.      def getInfo(self):
28.          custinfo = []
29.          custinfo.append(self.name)
30.          custinfo.append(self.nation);
31.          custinfo.append(self.province)
32.          custinfo.append(self.sex);
33.          custinfo.append(self.__salary)
34.
35.          return custinfo
36.
37.      # 设置互助活动信息
38.      def setHelpInfo(self, fund, event):
39.          self.helpFund += fund
40.          self.helpEvents.append(event)
41.
42.      # 设置互助活动信息
43.      def getHelpInfo(self):
44.          helps = []
45.          helps.append(self.helpFund)
46.          helps.append(self.helpEvents)
47.          return helps
```

```
48.
49. # end of class Customer
50.
51. #0 定义两个对象
52. cust1 = Customer()    # 默认国籍为中国
53. cust2 = Customer("美国");
54.
55. #1 成员函数使用
56. cust1.setInfo("张三", "HeBei", "Male", 12000)
57. cInfo1 = cust1.getInfo()
58. for item in cInfo1:
59.     print(item, end = ", ")
60. print()
61. print("-"*30)
62.
63. #2 不能访问私有属性
64. #print(cust1.__salary)   # 不能访问私有类变量
65. #print(cust1.__phone)    # 也不能访问私有对象变量
66.
67. #3 cust2对象信息设置和获取
68. cust2.setInfo("王小丫", "JiLin", "Female", 8888);
69. cInfo2 = cust2.getInfo();
70. for item in cInfo2:
71.     print(item, end = ", ")
72. print()
73. print("-"*30)
74.
75.
76. #4 对象变量可直接访问，且不同对象各有自己的值（非私有变量）
77. print("cust1的名字:", cust1.name)     # 对象变量
78. print("cust2的名字:", cust2.name)     # 对象变量
79. print("-"*30)
80.
81.
82. #5 测试不可变类型的类变量、可变类型的类变量的行为
```

```
83. cust1.setHelpInfo(1111, "生日聚会")
84. cust2.setHelpInfo(2222, "爬山")
85.
86. help1 = cust1.getHelpInfo()
87. for item in help1:
88.     print(item, end = ", ")
89. print()
90. print("-"*30)
91.
92. help2 = cust2.getHelpInfo()
93. for item in help2:
94.     print(item, end = ", ")
95. print()
96. print("-"*30)
97.
```

请读者仔细阅读上面的代码，并结合下面的输出结果加以理解。

```
1.
2. 张三, 中国, HeBei, Male, 12000,
3. ------------------------------
4. 王小丫, 美国, JiLin, Female, 8888,
5. ------------------------------
6. cust1的名字：张三
7. cust2的名字：王小丫
8. ------------------------------
9. 1111, ['生日聚会', '爬山'],
10. ------------------------------
11. 2222, ['生日聚会', '爬山'],
12. ------------------------------
13.
```

本例中创建了Customer类的两个对象cust1、cust2。其中cust1的创建没有带参数，因为__init__()函数的第二个参数nation带有一个默认值，这样调用的时候可以不传入，而是使用其默认值"中国"。

本例从第82行开始，展示了不同类型的类变量最后的表现是不一样的。从输出结果可以看出，对于列表类型变量helpEvents，每个对象都可以对其进行修改；而对于整型类型变量helpFund，一个对象中的修改并不会反映到其他对象中。这点要引起读者的注意，在设计类的时候，要仔细考虑哪些适合做类变量，哪些适合做对象。

5.4 继承

5.4.1 继承的概念

C++之父Bjarne Stroustrup在《The C++ Programming Language》一书中提到：如果两个类的实现有某些显著的共性东西，则应将这些共性做成一个基类。我们可以把各种事物中的一些共性特征抽象提炼出来，构建出一个内涵较广的类，称为基类，然后可以在基类的基础上延伸拓展出具有各种新功能的派生类，也叫子类，即所谓的"继承（Inheritance）"或"派生（Derive）"，因此"类B继承了类A"与"类A派生出类B"两者是等价的，与此同时，下面这三种描述都表达了类的继承关系，具有同样的含义：

① 基类（Base Class）——派生类（Derived Class）；

② 父类（Parent Class）——子类（Child Class）；

③ 超类（Superclass）——子类（Subclass）。

在面向对象编程中，最重要的不在于如何编写对数据操作的成员函数，而在于如何发掘规划类，准确刻画各个类之间的关系。要具备这方面的能力，唯有通过大量的编程实践，不断积累类设计经验。

一个派生类可以作为另一个类的基类，这样继承关系就会构成一个层次结构，有点像一个家族的家谱，每一代都继承了上一代的基因，但又在上一代的基础上具有各自不同的特点，世代延续下去。图5-1所示是一个类继承示意图。

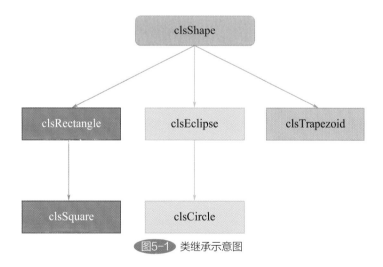

图5-1　类继承示意图

图中，最上层的类clsShape（形状）是clsRectangle、clsEclipse、clsTrapezoid三个类的基类（父类）。这个类具有面积、位置、颜色等其他三个类共有的属性，具有面积计算、位置设置、颜色设置等共有的行为。

基于clsShape的三个子类在父类基础上各自拓展出不同的属性，比如clsRectangle（长

方形）衍生出边数、长度、宽度等新属性，clsEclipse（椭圆）衍生出短轴、长轴等新属性，clsTrapezoid（梯形）衍生出上底、下底、高度等属性。

clsSquare（正方形）和clsCircle（圆形）又分别以clsRectangle和clsEclipse为父类派生出来。

在Python中，有一个系统基类object，它是最终的基类，其他所有类都隐含继承自这个类，解释器在翻译时会自动添加这个基类。

5.4.2 单继承

单继承指派生类（子类）的基类只有一个，其语法格式如下：

```
1.  class DerivedClass(BaseClass):
2.    Body of derived class
```

即在子类名称后以小括号把基类包围起来。下面以实例说明单继承定义及使用。

```
1.
2.  # 定义一个多边形类
3.  class Polygon:
4.
5.      numSides = 0      # 几条边
6.      sides    = []     # 存储每条变长
7.      color  = ""       # 多边形颜色
8.
9.
10.     def __init__(self, num_of_sides):
11.         self.numSides = num_of_sides
12.         self.color = "Black"
13.
14.     def inputSides(self):
15.         print("请输入%d条边的长度" % self.numSides)
16.         self.sides = [float(input("side"+str(i+1)+":")) for i in range(self.numSides)]
17.         print()
18.
19.     def showSides(self):
20.         for i in range(self.numSides):
21.             print("Side",i+1,"is",self.sides[i], end="; ")
22.         print()
```

```
23.
24. # end of class Polygon
25.
26.
27. class Triangle(Polygon):
28.
29.     def __init__(self):
30.         #Polygon.__init__(self, 3)  # 可这样调用父类的__init__()函数
31.         super().__init__(3)   # 也可这样调用父类的__init__()函数。无需self参数
32.
33.     def calcArea(self):
34.         a, b, c = self.sides   # 可以直接使用!
35.
36.         try:
37.             # 计算半周长
38.             s = (a + b + c) / 2
39.             area = (s*(s-a)*(s-b)*(s-c)) ** 0.5
40.             print('三角形的面积是  %0.2f.' %area)
41.         except TypeError:
42.             print("输入的三条边不能形成一个三角形!")
43.
44. # end of class Triangle
45.
46.
47.
48. t = Triangle()
49. t.inputSides()
50.
51. t.showSides()
52. t.calcArea()
53.
```

运行后，输出结果如下：

```
1.
2.  请输入3条边的长度
3.  side1:12
```

```
4.  side2:15
5.  side3:18
6.
7.  Side 1 is 12.0; Side 2 is 15.0; Side 3 is 18.0;
8.  三角形的面积是  89.29.
9.
```

从上面例子看，虽然子类Triangle没有定义函数inputSides()和showSides()，但可直接使用父类Polygon定义的这两个函数。而且父类的sides属性也可以直接使用。

子类对数据或函数的搜索过程是这样的：先在子类自身中搜索，如果没找到，则转向父类定义中搜索；如果还没找到，则转向父类的父类搜索，若最后没找到，则解释器提示语法错误。

这里我们再介绍一下__init__()函数。在上面的例子中，父类和子类中都定义了这个函数。如果在子类中没有定义这个函数，则在创建子类对象时，会自动调用父类中已定义的__init__()函数；如果子类自己重写了__init__()函数，在创建子类对象时，不会自动调用父类中的__init__()函数，需要手动显式调用才可以。

本例在子类Triangle的__init__()函数中出现了一个super()函数，这个函数返回父类Polygon的代理对象，通过代理可以访问父类的属性（数据或函数成员）。在多继承中，super()实际上是返回继承顺序MRO（详见下一节）中的下一个类，super()调用父类的方法时按照MRO中的父类的顺序进行搜索，一直搜索到不再执行super()调用为止，从而有效解决了多重继承时祖先类的查找问题。

5.4.3 多继承

多继承指一个子类的父类有多个，子类继承各个父类的属性。多继承的定义语法格式如下：

```
1.
2.  class MultiDerived(BaseClass1, BaseClass2 ...):
3.      Body of derived class
4.
```

定义中，子类名称后的小括号内是父类列表，列表中父类的排列顺序是有一定意义的，解释器会从当前派生类（子类）开始到最原始的系统基类object构建一个有方向的顺序表，也称祖先树，Python称其为MRO（Method Resolution Order），即方法解析顺序表（读者可以通过类的__mro__属性随时查看这个MRO）。MRO的顺序排列规则如下：

① MRO序列包括派生类自身、直接父类以及父类的父类，直到最后的系统基类object；
② 一个类总是出现在它的父类前面，如果有多个父类，则按照子类定义时的顺序排列；
③ 每个父类只被调用一次。

下面以实例说明多继承定义及其使用：

```
1.
2.  class Animal:
3.
4.      def __init__(self, animalName):
5.          print(animalName, 'is an animal.');
6.
7.
8.  class Mammal(Animal):
9.
10.     def __init__(self, mammalName):
11.         print(mammalName, 'is a warm-blooded animal.')
12.         super().__init__(mammalName)
13.
14.     def doSomething(self):
15.         print('Mammal doing.')
16.         #super().doSomething()
17.
18.
19. class NonWingedMammal(Mammal):
20.
21.     def __init__(self, NonWingedMammalName):
22.         print(NonWingedMammalName, "can't fly.")
23.         super().__init__(NonWingedMammalName)
24.
25.     def doSomething(self):
26.         print('NonWingedMammal doing ->')
27.         super().doSomething()
28.
29.
30. class NonMarineMammal(Mammal):
31.
32.     def __init__(self, NonMarineMammalName):
33.         print(NonMarineMammalName, "can't swim.")
34.         super().__init__(NonMarineMammalName)
35.
36.     def doSomething(self):
```

```python
37.         print('NonMarineMammal doing ->')
38.         super().doSomething()
39.
40.
41. class Dog(NonMarineMammal, NonWingedMammal):
42.
43.     def __init__(self):
44.         print('Dog has 4 legs.');
45.         super().__init__('Dog')
46.
47.     def doSomething(self):
48.         print('Dog doing ->')
49.         super().doSomething()
50.
51.
52. #1 测试调用__init__() 顺序
53. print("1. 测试调用__init__() 顺序")
54. d = Dog()
55. print("-"*30)
56.
57. #2 测试钻石模式(diamond diagrams)
58. print("\n2. 测试钻石模式(diamond diagrams)")
59. print("-"*30)
60. d.doSomething()
61. print("-"*30)
62.
63. #3 查看Dog类的祖先树
64. print("\n3. Dog类的祖先树:")
65. print(Dog.__mro__)
66.
67. #4 再次测试super()
68. print('\n4. 再次测试super()')
69. bat = NonMarineMammal('Bat')
70.
```

运行后，输出结果如下：

```
1.
2. 1. 测试调用__init__() 顺序
3. Dog has 4 legs.
4. Dog can't swim.
5. Dog can't fly.
6. Dog is a warm-blooded animal.
7. Dog is an animal.
8. -----------------------------
9.
10. 2. 测试钻石模式(diamond diagrams)
11. -----------------------------
12. Dog doing ->
13. NonMarineMammal doing ->
14. NonWingedMammal doing ->
15. Mammal doing.
16. -----------------------------
17.
18. 3. Dog类的祖先树:
19. (<class '__main__.Dog'>,
    <class '__main__.NonMarineMammal'>,
    <class '__main__.NonWingedMammal'>,
    <class '__main__.Mammal'>,
    <class '__main__.Animal'>,
    <class 'object'>)
20.
21. 4. 再次测试super()
22. Bat can't swim.
23. Bat is a warm-blooded animal.
24. Bat is an animal.
25.
```

我们看一下Dog类的祖先树：

子类Dog出现在两个父类的前面：NonMarineMammal、NonWingedMammal；

NonMarineMammal出现在NonWingedMammal的前面，因为Dog定义时父类的顺序就是这样的；

NonMarineMammal 出现在它的父类 Mammal 前面；

NonWingedMammal 出现在它的父类 Mammal 前面；

Mammal 出现在它的父类 Animal 前面；

Animal 出现在它的父类 object 前面；

所以类 Dog 的 MRO 为：

Dog→NonMarineMammal→NonWingedMammal→Mammal→Animal→object。

5.5　多态

通常我们把 C、Basic、Fortran、lisp 等称为面向过程的编程语言，这种语言一般要求同一作用域内不能存在相同的标识符（如不能出现相同的函数名称等），而面向对象的编程语言一般都支持同一作用域中存在多个相同的标识符，例如多个函数具有同一个函数名，每个函数实现不同的功能，这种特性称为多态性（polymorphism）。在 Python 语言中，多态性主要通过重载机制获得，重载机制包括函数重载和操作符重载两大类。

Python 在类定义中允许出现同名函数，但是后一个函数定义会覆盖掉前一个函数定义，即前一个函数不再有效。所以 Python 的函数重载主要指子类与父类中可以存在同名的成员函数。

5.5.1　成员函数重载

假如我们要开发一个文档编辑器，使其以统一方式打开不同类型的文档（如 Word、Pdf 等）。为了实现这个功能，我们可以定义一个基类 Document，在基类中定义所有其他文档可能的操作，但这些操作的实现都在具体各个子类中完成，此时我们可以称基类 Document 为抽象类。如图 5-2 所示，我们在基类 Document 中定义了 Show() 函数，在其子类 Word、Pdf 中分别实现这个函数的具体操作。

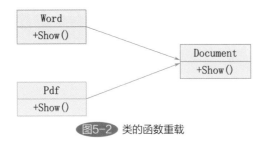

图5-2　类的函数重载

其实现可参看下面的代码：

```
1.
2. class Document:
3.     def __init__(self, name):
```

```
4.         self.name = name
5.
6.     def show(self):   # 抽象接口
7.         raise NotImplementedError("show()接口，子类必须实现！")
8.
9.     def save(self):   # 抽象接口
10.        raise NotImplementedError("save()接口，子类必须实现！")
11.
12.
13. class Pdf(Document):
14.     def show(self):   # 具体实现 show()接口
15.         # Open this doc
16.         return 'Show pdf contents!'
17.
18.     def save(self):   # 具体实现 save()接口
19.         # Save this doc
20.         return 'Save contents to pdf doc.'
21.
22.
23. class Word(Document):
24.     def show(self):   # 具体实现 show()接口
25.         # Open this doc
26.         return 'Show word contents!'
27.
28.     def save(self):   # 具体实现 save()接口
29.         # Save this doc
30.         return 'Save contents to word doc.'
31.
32.
33. # 先定义个文档列表...
34. documents = [Pdf('Document1'),
35.              Pdf('Document2'),
36.              Word('Document3')]
37.
38. # 测试打开和存储文档
```

```
39. for document in documents:
40.     print(document.name + ': ' + document.show())
41.     print(document.name + ': ' + document.save())
42.     print()
43.
```

输出结果如下：

```
1.
2.  Document1: Show pdf contents!
3.  Document1: Save contents to pdf doc.
4.
5.  Document2: Show pdf contents!
6.  Document2: Save contents to pdf doc.
7.
8.  Document3: Show word contents!
9.  Document3: Save contents to word doc.
10.
```

可以看出，子类Word和Pdf分别实现了不同的Show()和Save()函数，以后如果添加了其他类型文档，如Excel类型，则只需再添加一个Excel类，即可实现对Excel文档的打开、存储操作。因此成员函数重载对程序功能的扩展有极大的意义。

5.5.2 操作符重载

Python中有多种运算符，如算术运算符、关系运算符、逻辑运算符、位运算符、身份运算符以及成员运算符等，有一些运算符本身可用于不同类型数据的运算，比如"+"运算符，既可以对两个数值变量进行相加，也可以对两个列表list变量进行合并，还可以把两个字符串变量合二为一。Python中，基本上每个运算符都对应着一个内置函数，这种内置特殊函数一般都以双下划线开始，以双下划线结束，可以利用其进行操作符重载。例如我们定义了一个类Point：

```
1.  class Point:
2.      def __init__(self, x = 0, y = 0):
3.          self.x = x
4.          self.y = y
5.
6.      def doSomethin(self):
7.          pass
```

```
8.
9.  # end of class Point
10.
11. pt1 = Point(2, 3)
12. pt2 = Point(-1, 2)
```

如果现在就对两个对象pt1和pt2执行相加，会引发一个TypeError错误，因为内置的"+"操作符并不支持我们自定义的类Point的相加操作。要实现这两个对象相加操作，需对操作符"+"进行重载，我们用__add__()函数实现重载，添加下面的代码：

```
1.
2.  class Point:
3.      def __init__(self, x = 0, y = 0):
4.          self.x = x
5.          self.y = y
6.
7.      # 重载 + 操作符
8.      def __add__(self,other):
9.          x = self.x + other.x
10.         y = self.y + other.y
11.         return Point(x,y)
12.
13.     # 重写 __str__() 函数
14.     def __str__(self):
15.         return "({0}, {1})".format(self.x,self.y)
16.
17.     def doSomething(self):
18.         pass
19.
20. # end of class Point
21.
22. pt1 = Point(2, 3)
23. pt2 = Point(-1, 2)
24.
25. pt = pt1 + pt2
26. print(pt)
27.
```

输出结果如下：

```
1.  (1, 5)
```

可以看出，此时再执行pt1+pt2就不会出现错误了。当程序执行pt1+pt2的时候，Python会执行函数pt1.__add__(p2)，这个函数返回一个新的Point变量，并赋值给pt变量，变量pt的两个分量是pt1、pt2分量之和。

在上面例子中还重写了__str__()函数，它返回类变量的一个描述字符串。

使用同样的方式可以重载其他操作符，见表5-1，其中p1、p2为某个类的两个对象。

表5-1　操作符的重载实现

操作符	示例表达式	实现函数	Python内部调用
加法	p1 + p2	__add__(self,other)	p1.__add__(p2)
减法	p1 - p2	__sub__(self,other)	p1.__sub__(p2)
乘法	p1 * p2	__mul__(self,other)	p1.__mul__(p2)
幂计算	p1 ** p2	__pow__(self,other[,modulo])	p1.__pow__(p2)
除法	p1 / p2	__truediv__(self,other)	p1.__truediv__(p2)
取整除法	p1 // p2	__floordiv__(self,other)	p1.__floordiv__(p2)
取模	p1 % p2	__mod__(self,other)	p1.__mod__(p2)
位左移	p1 << p2	__lshift__(self,other)	p1.__lshift__(p2)
位右移	p1 >> p2	__rshift__(self,other)	p1.__rshift__(p2)
位与	p1 & p2	__and__(self,other)	p1.__and__(p2)
位或	p1 | p2	__or__(self,other)	p1.__or__(p2)
位异或	p1 ^ p2	__xor__(self,other)	p1.__xor__(p2)
位取反	~p1	__invert__(self)	p1.__invert__()

下面是对比较运算符"<"实现重载的一段代码：

```
1.
2.  class Point:
3.      # ...
4.
5.      # 实现小于号的重载
6.      def __lt__(self,other):
7.          self_mag = (self.x ** 2) + (self.y ** 2)
8.          other_mag = (other.x ** 2) + (other.y ** 2)
9.          return self_mag < other_mag    # 返回 True 或者 False
10.
```

表5-2列出了比较运算符的重载实现，其中p1、p2为某个类的两个对象。

表5-2 比较运算符的重载实现

操作符	示例表达式	实现函数	Python内部调用
小于	p1 < p2	__lt__(self,other)	p1.__lt__(p2)
小于等于	p1 <= p2	__le__(self,other)	p1.__le__(p2)
等于	p1 == p2	__eq__(self,other)	p1.__eq__(p2)
不等于	p1 != p2	__ne__(self,other)	p1.__ne__(p2)
大于	p1 > p2	__gt__(self,other)	p1.__gt__(p2)
大于等于	p1 >= p2	__ge__(self,other)	p1.__ge__(p2)

最后以Tim Peters（活跃在Python社区中的一个大咖）的关于Python程序编写的一段忠告作为本章的结束语：

```
>>> import this
The Zen of Python, by Tim Peters


1.  Beautiful is better than ugly.
2.  Explicit is better than implicit.
3.  Simple is better than complex.
4.  Complex is better than complicated.
5.  Flat is better than nested.
6.  Sparse is better than dense.
7.  Readability counts.
8.  Special cases aren't special enough to break the rules.
9.  Although practicality beats purity.
10. Errors should never pass silently.
11. Unless explicitly silenced.
12. In the face of ambiguity, refuse the temptation to guess.
13. There should be one-- and preferably only one --obvious way to do it.
14. Although that way may not be obvious at first unless you're Dutch.
15. Now is better than never.
16. Although never is often better than *right* now.
17. If the implementation is hard to explain, it's a bad idea.
18. If the implementation is easy to explain, it may be a good idea.
19. Namespaces are one honking great idea -- let's do more of those!
```

实际上在IDLE中输入命令"import this"就会出现这段文字。Python自带了一个模块this.py，位于Python安装目录的子目录Lib下，有兴趣的读者可以研究一下。

6 Python 常用标准库

　　Python的标准库内容非常广泛，既包含用C/C++等语言编写的内置模块，也包含用Python语言编写的模块，很多模块都是基于平台无关的原则进行开发的，以保证可移植性。Python标准库位于Python安装目录的子目录Lib中，而其中Lib\site-packages中存放的是第三方模块（库），通过pip安装的模块都放在此目录下。

　　本章介绍的是Python系统内置的标准库以及一些常用的第三方库。由于每个库包含的内容非常丰富，本书只进行简要介绍，更详细的资料可通过在线帮助命令dir()和help()来获取，也可以通过Python网站等渠道获取。

6.1　内置函数

　　表6-1列出了Python3.6的大多数内置函数。

表6-1　Python3.6内置函数列表

序号	函数	说明
1	abs(x)	返回一个数值的绝对值。参数可以是整数或浮点数。如果参数是复数，则返回复数的模
2	all(iterable)	如果可迭代对象iterable的所有元素都不为0、""（空）、False或者iterable为空，all(iterable)返回True，否则返回False。元素除了为0、空、False 外都算True。注意：空元组、空列表返回值为True
3	any(iterable)	如果可迭代对象中有任何一个元素为True，则返回True。否则返回False。注意：空元组、空列表返回值为False
4	ascii(object)	返回一个以可打印ASCII字符组成的描述对象object的字符串。任何非ASCII字符都将以\x、\u 或 \U 进行转义
5	bin(x)	返回一个整型数int的二进制表示的字符串，以"0b"开始
6	bool()	布尔型数值，见"基础数据类型"
7	bytearray()	可变字节序列类型，见"基础数据类型"
8	bytes()	不可变字节序列类型，见"基础数据类型"
9	callable(object)	判断对象object是否可以被调用
10	chr(i)	返回一个整数i对应的Unicode字符，参数i的范围为0～1114111，与函数ord()相反
11	@classmethod	一个Python修饰符。在类定义中，声明一个函数为类函数。类函数不需要实例化，不需要 self 参数，但第一个参数须是表示自身类的 cls 参数，以调用类的属性、类的方法、实例化对象等

序号	函数	说明
12	compile(source, filename, mode, flags=0,dont_inherit=False, optimize=-1)	将参数source编译为可执行的字节码或者AST（Abstract Syntax Trees）对象。字节码可通过exec语句来执行，AST对象可通过eval()函数执行。参数source是一串字符串或AST对象数组。参数filename是读取字符串的文件对象。如果不是从文件里读取源码来编译，那么这里可以放一些用来标识这些代码的字符串； 参数mode指明源码类型。如果是exec类型，则是一个序列语句，可以进行运行；如果是eval类型，则是一个单一的表达式语句，可用来计算相应的值；如果是single类型，表示单一语句，采用交互模式执行，如果是一个表达式，一般会输出结果，而不是为None； 可选参数flags和dont_inherit是编译控制标志
13	complex()	复数数值类型，见"基础数据类型"
14	delattr(object, name)	删除对象object的name属性
15	dict()	字典数据类型，见"基础数据类型"
16	dir([object])	不带参数时，返回当前范围内的变量、方法和定义的类型列表；带参数时，返回参数的属性、方法列表
17	divmod(a,b)	参数a、b可为整型数或浮点数，不可为复数。函数返回商和余数组成的元组； 对整型数而言，返回结果为(a//b, a$b)； 对浮点数而言，返回结果为(q, a%b)；q=math.floor(a/b)，但q有时会比右边计算值小1；任何情况下，q*b+a%b会非常接近a 如果a%b不为零，其值符号与b相同，并且0 <= abs(a % b) < abs(b)
18	enumerate(iterable, start=0)	返回一个枚举类型。将一个可遍历对象转换为一个索引序列，索引以start开始
19	eval (object, globals=None, locals=None))	执行一个字符串表达式expression，并返回表达式的值 Globals——变量作用域，全局命名空间，如果被提供，则必须是一个字典对象； Locals——变量作用域，局部命名空间，如果被提供，可以是任何映射对象； 返回值为计算的结果
20	exec(object[, globals[, locals]])	类似于eval()，可解释并执行更复杂的代码，返回值为None
21	filter(function, iterable)	用于过滤序列。以一个返回True或者False的函数funciton为条件，以可迭代对象的每个元素作为参数进行判断，过滤掉函数function返回False的元素
22	float()	浮点数类型，见"基础数据类型"
23	format()	字符串格式化函数，见"String字符串"
24	frozenset([iterable])	返回一个冻结的集合，冻结后集合不能再添加或删除任何元素

续表

序号	函数	说明
25	getattr(object, name[, default])	返回对象object中名称为name的属性值。如果name属性不存在，则返回默认值default；如果name属性不存在，且没有设置默认值default，则引发AttributeError异常错误
26	globals()	以字典对象形式返回当前位置的全部全局变量（符号表）
27	hasattr(object, name)	判断对象object是否具有名称为name的属性，如果有则返回True；否则返回False
28	hash(object)	返回对象object的哈希值
29	help([object])	触发系统内部的帮助系统。当没有给定参数时，运行系统交互式帮助系统；给定参数object时，输出object的使用方法信息
30	hex(x)	把一个整型数转换为以"0x"做前缀的十六进制的字符串（全部为小写）
31	id(object)	返回一个对象在内存中的唯一标识，为整数值。一个对象在其生命周期中，其标识是唯一的，并且不会变
32	input([prompt])	从键盘输入数据，返回结果为str类型；参数prompt为提示信息
33	int()	整型数类型，见"基础数据类型"
34	isinstance(object, classinfo)	判断对象object是否为类classinfo的一个实例 注意：classinfo可以为含有多个类的一个元组，只要object是其中一个类的实例，就返回True
35	issubclass(class, classinfo)	判断类class是否为类classinfo的一个子类；一个类也是自己的子类；classinfo可以为多个类组成的一个元组，只要class是其中一个类的子类，就返回True
36	iter(object[,sentinel])	生成一个迭代器对象（iterator）。如果给定了参数sentinel，则参数object 必须是一个可调用的对象（如函数），此时iter()创建了一个迭代器对象，每次调用这个迭代器对象的__next__()方法时，都会调用object
37	len(s)	返回对象的长度（元素个数）
38	list()	列表list数据类型，见"基础数据类型"
39	locals()	以字典类型的对象形式返回当前位置的全部局部变量（符号表）
40	map(function,iterable,...)	把参数iterable中的每个元素传给参数function（一个函数），所有的计算结果生成一个可迭代对象，返回一个迭代器对象
41	max(iterable, *[, key, default]) max(arg1, arg2, *args[, key])	返回可迭代对象或多个参数中的最大值。如果key指定，则以key为排序条件
42	memoryview(object)	以参数object创建一个memory view对象

序号	函数	说明
43	min(iterable, *[, key, default]) min(arg1, arg2, *args[, key])	返回可迭代对象或多个参数中的最小值。如果key指定，则以key为排序条件
44	next((iterator[,default])	调用迭代器iterator的__next__()方法，返回下一个元素。如果给定了default值，当迭代器没有下一个值时，返回default；否则引发异常
45	object()	所有类的基类
46	oct(x)	把一个整型数x转换为以"0o"做前缀的八进制的字符串
47	open()	打开一个文件，返回文件对象。见"文件与目录"
48	ord(c)	是chr()函数的对应函数。对给定字符c，返回其整数值。支持unicode字符
49	pow(x, y[, z])	计算x的y次方；如果给定参数z，则再对结果进行取模，最终结果等效于pow(x,y) %z
50	print(*objects, sep=", end='\n', file=sys.stdout, flush=False)	把objects的信息输出指定的文本流文件file中。Objects以参数sep为分隔符，以参数end为行结束符。 参数flush指定是否强制刷新。 默认file为屏幕（标准输出）
51	property(fget=None,fset=None, fdel=None, doc=None)	返回类的一个可管理的属性。（可对属性进行设置、获取和删除的操作）
52	range(stop) range(start, stop[, step])	range() 函数可创建一个整数列表，一般用在 for 循环中。 其中，start为开始值，stop为结束值，step为步长，默认为1。如果只有一个参数stop，则表示从0开始，步长为1
53	repr(object)	返回参数object的字符串表示
54	reversed(seq)	返回一个参数seq序列的逆向序列的迭代器对象
55	round(number[, ndigits])	对浮点数number进行四舍五入，保留ngigits位精度（小数位）。如果没有ndigits参数，则保留到整数位。 注意：round(1.25,1)=1.2，而round(1.26,1)=1.3。 这个内置函数的返回值，随着Python版本的不同会有变化。建议读者使用其他数据模块（如math等）进行数学计算
56	set()	集合set类型，见"基础数据类型"
57	setattr(object,name,value)	设置对象object中名称name的属性值。如果name属性不存在，则添加属性，并设置为value；此函数与getattr()对应
58	slice()	返回一个切片类slice的对象
59	sorted(iterable, cmp, key=None, reverse=False)	对可迭代对象iterable的元素进行排序操作，返回排序后的可迭代对象。其中： 比较函数cmp具有两个参数，参数的值都是从可迭代对象中取出，此函数必须遵守的规则为：大于则返回1，小于则返回−1，等于则返回0 key：用来进行比较的元素 reverse：排序规则，reverse=True降序，reverse = False 升序（默认）

续表

序号	函数	说明
60	@staticmethod	类的静态函数成员的修饰符
61	str()	字符串类型，见"基础数据类型"
62	sum(iterable[, start])	返回可迭代对象中元素之和。如果指定start，则元素之和再加上start，返回总和
63	super()	获取一个类的父类，见"类与对象"
64	tuple()	元组数据类型，见"基础数据类型"
65	type(object) type(name, bases, dict)	只有一个参数object，返回一个对象的类型； 三个参数，则按照这些参数创建一个新类型
66	vars([object])	返回对象object的__dict__属性。如果object没有这个属性，则引发异常； 当没有参数时，与locals()类似
67	zip(*iterables)	以一个或多个可迭代的对象作为参数，将对象中对应的元素打包成一个个元组，然后返回由这些元组组成的zip对象，元组的个数由可迭代对象参数中长度最短的个数决定
68	__import__()	动态加载一个模块

6.2 内置常量

1）False

布尔型数值，表示假，即一个条件不成立，或者一个表达式结果为零。

2）True

布尔型数值，表示真，即某个条件成立，或者表达式结果非零。

3）None

用来表示某个对象值的缺失，或表示某个函数参数不传入函数。不支持任何运算，也没有内建方法。

4）NotImplemented

一般用于二元特殊函数，如 __eq__()、__lt__()、__add__()、__rsub__()等的特殊返回值，表示某种方法没有实现。

5）Ellipsis

与"..."一样，是pass语句的替代形式。

6）__debug__

表示如果 Python 不是以 -0 选项启动的，则返回 True。

另外 Python 有一个 site 模块，在 Python 启动时加载，这个模块会在内置命名空间中会添加以下几个常量（一般用在解释器中，不会用在代码中）。

7）quit(code=None)

退出当前解释器系统。

8）exit(code=None)

退出当前解释器系统。

9）copyright

显示系统版权信息。

10）credits

Python 贡献致谢名单。

11）license

提示用 license() 函数显示授权信息。

6.3 操作系统接口模块（os）

操作系统接口模块 OS 提供了 Python 与操作系统交互的功能。例如：

```
1.
2.  >>> import os
3.  >>> os.getcwd()        # 返回当前工作目录
4.  'E:\\DevSys\\python'
5.  >>> os.chdir('D:\\userDir')         # 改变当前工作目录
6.  >>> os.system('mkdir D:\\tmpWork')  # 运行系统命令 mkdir
7.  0
8.  >>> os.cpu_count()     # 返回系统CPU的个数
9.
10. 8
11. >>> os.sep   # 获得当前操作系统使用的目录分隔符
12. '\\'
13. >>> os.name  # 获得当前使用的操作系统，'nt'代表windows
```

```
14. 'nt'
15.
```

由于操作系统接口模块中包含的open()函数与系统内置函数同名，所以必须通过import os语句加载，不要采用"from os import..."形式加载，否则会覆盖掉系统内置函数open()。

操作系统接口更多功能可使用dir(os)和help(os)命令来查看，限于篇幅，这里不再介绍。

6.4 文件搜索模块（glob）

文件搜索模块glob用于查找符合特定规则的文件，查找文件时只用到三个匹配符："*" "?" "[ ]"，其中"*"匹配0个或多个字符；"?"匹配单个字符；"[ ]"匹配指定范围内的字符。举例如下：

```
1.
2.  >>> glob.glob(r'c:\*.txt')
3.  ['c:\\hello.txt', 'c:\\mima.txt', 'c:\\PythonUsage.txt']
4.  >>> glob.glob(r'c:\?.txt')
5.  []
6.  >>> glob.glob(r'c:\?????.txt')
7.  ['c:\\hello.txt']
8.  >>>
9.
```

更多功能请使用dir(glob)和help(glob)命令来查看。

6.5 系统交互模块（sys）

sys模块用于程序与系统环境之间的交互操作，这个模块常用的方法有：

```
1.
2.  sys.argv        # 返回命令行参数列表，第一个元素是程序本身的路径
3.  sys.exit(n)     # 退出程序，正常退出时为exit(0)
4.  sys.version     # 获取Python解释程序的版本信息
5.  sys.modules     # 包括当前加载的所有模块，以字典形式列出
6.  sys.path        # 返回模块的搜索路径，初始化时使用PYTHONPATH环境变量的值
7.  sys.platform    # 返回操作系统平台名称
8.
```

下面一段代码可以获取运行程序时输入的参数：

```
1.
2.  import sys  # 导入模块
3.
4.
5.  # 获取所有的输入参数列表
6.  args = sys.argv
7.
8.  print("代码文件名称： ", args[0])      # 第一个参数（下表为0）是程序文件名称
9.  if len(args) > 1:
10.     print("输入", len(args)-1, "个参数。")
11.     for arg in args[1:]:      #输出除了[0]外所有参数
12.         print(arg)
13. else:
14.     print("No arguments!")
15.
```

将这段代码命名为test.py,然后以"python test.py hello China"命令运行此程序，则输出结果为：

```
1.
2.  代码文件名称： test.py
3.  输入 2 个参数。
4.  hello
5.  China
6.
```

更多功能请使用dir(sys)和help(sys)来查看。

6.6 正则表达式模块（re）

正则表达式由一些普通字符和一些元字符（metacharacters）组成。模块re提供的正则表达式语法支持8位字符和Unicode字符两种模式，正则表达式的元字符及其含义如表6-2所示。

表6-2 正则表达式元字符及其含义

元字符	含义
.	匹配任意一个字符（换行符除外）
^	匹配一个字符串的开始或每一行的开始

元字符	含义
$	匹配一个字符串的结束或每一行的末尾
*	匹配0次或任意次（贪婪方式）前面的字符（串）。贪婪模式是指匹配尽可能多的次数
*?	匹配0次或任意次（非贪婪方式）前面的字符（串）。非贪婪模式是指匹配尽可能少的次数
+	匹配1次或任意次（贪婪方式）前面的字符（串）
+?	匹配1次或任意次（非贪婪方式）前面的字符（串）
?	匹配0次或1次（贪婪方式）前面的字符（串）
??	匹配0次或1次（非贪婪方式）前面的字符（串）
{m,n}	匹配m到n次（贪婪方式）前面的字符（串）
{m,n}?	匹配m到n次（非贪婪方式）前面的字符（串）
\	对任一特殊字符进行转义（允许匹配字符 '*'、'?' 等），或只是一个特殊的序列
[ ]	一个字符集合，把要匹配的字符放在 [ ] 里面。如果以"^"开始，表示这些字符集合的补集，即后面字符之外的任何字符。这里面的所有字符都当做普通字符使用
|	匹配左右内容中的任何一个，如A|B，表示即可以匹配A，也可以匹配B
(...)	匹配任何在圆括号内的正则表达式，并表明分组的开始和结束; 分组的内容在完成匹配后可以提取出来，而且可以在后面的字符串中用特殊的number序列匹配
(?:...)	除不分组外，其他与(...)一样
(?aiLmsux)	为正则表达式设置A, I, L, M, S, U, or X 模式标志。具体含义见表6-3
(?P<name>...)	分组，除原有的编号外，再指定一个组名称，以便后面可通过名称来获取
(?P=name)	引用组名称name的分组匹配到的字符串（文本）
(?#...)	表示是一个注释，内容将作为注释被正则表达式引擎忽略
(?=exp)	匹配表达式exp前面的位置。exp代表希望匹配的字符串的后面应该出现的字符串
(?!exp)	匹配后面不是表达式exp的位置。只有当希望匹配的字符串后面不跟着exp内容时才匹配
(?<=exp)	匹配表达式exp后面的位置。exp代表希望匹配的字符串的前面应该出现的字符串
(?<!exp)	匹配前面不是表达式exp的位置。只有当希望匹配的字符串前面不是exp的内容时才匹配
(?(id/name)yes|no)	判断指定组是否已匹配，执行相应的规则。即如果 id/name 指定的组在前面匹配成功了，则执行 yes-pattern 的正则式，否则执行 no-pattern 的正则式
\number	通过序号调用已匹配的组（正则式中的每个组都有一个序号，序号是按组从左到右，从 1 开始的数字。）
\A	匹配整个字符串开头。它和"^"的区别是："\A"只匹配整个字符串的开头，即使在"M"（多行）模式下，它也不会匹配其他行的开头
\Z	匹配字符串的结尾。"\Z"只匹配整个字符串的结尾，即使在"M"模式下，它也不会匹配其他各行的行尾
\b	匹配一个单词的边界，比如空格等，不过它是一个零长度字符，它匹配完的字符串不会包括那个分界的字符；只有用"\s"来匹配，字符串中才会包含那个分界符

元字符	含义
\B	"\b" 的补集，只匹配非边界的字符。它同样是个零长度字符
\d	匹配一个数字，等价于 [0-9]
\D	"\d" 的补集，匹配一个非数字的字符，等价于 [^0-9]
\s	匹配空格符、制表符、回车符等表示分隔意义的字符，它等价于 [\t\r\n\f\v]，注意最前面有个空格
\S	"\s" 的补集，等价于 [^ \t\r\n\f\v]
\w	匹配所有的英文字母和数字，等价于 [a-zA-Z0-9]
\W	"\w" 的补集，等价于 [^a-zA-Z0-9]
\\	表示一个正常的 "\" 字符

模块 re 提供的函数如表 6-3 所示：

表6-3 模块re提供的函数

函数名称	功能	返回值
compile(pattern[, flags])	把一个正则表达式编译成正则表达式对象，再次调用同样的正则表达式时可以加快速度	正则表达式对象
search(pattern, string[, flags])	扫描字符串，搜索第一个匹配pattern的子串	第一个匹配到的对象或者None
match(pattern, string[, flags])	只在字符串开始应用匹配模式	在字符串开头匹配到的对象或者None
split(pattern, string[, maxsplit=0,flags])	以模式的匹配项来分割字符串	分割后的字符串列表
findall(pattern, string,flags)	列出给定模式的所有匹配项	所有匹配到的字符串列表
sub(pattern,repl, string[, count=0,flags])	实现正则表达式的替换	替换后的新字符串
finditer(pattern, string,flags)	根据匹配到的项创建一个迭代器	迭代器
subn(pat,repl, string[,count=0,flags])	功能同sub()，返回替换的次数	一个元组，包括新字符串和替换次数两个元素
escape（string）	对字符串中除ASCII字母和数字之外的字符转义	转义后的字符串
purge(pattern)	清空正则表达式的缓存	
fullmatch(pattern, string[, flags])	在整个字符串上进行模式匹配	match对象

模块re提供的函数大多有flag标志，用来指定匹配模式，见表6-4。

表6-4　模块re函数中flag标志的含义

flag标志	含义
A	ASCII字符模式
I	忽略大小写
L	根据本地语言环境，通过\w、\W、\b、\B、\s、\S实现匹配
M	多行模式，改变'^'和'$'的行为
S	'.'的任意匹配模式，改变'.'的行为
X	表示在正则表达式字符串中，空格、tab、换行符等空白符将被忽略，除非这些空白符位于反斜杠\之后
U	根据Unicode字符集解析字符，这个标志影响\w、\W、\b、\B的意义

下面举例说明。

```
1.
2.  import re
3.
4.  strDate = "June 24, August 9, Dec 12"
5.  # 搜索符合特定模式的字符串
6.  regex = r"[a-zA-Z]+ \d+"
7.  matches = re.findall(regex, strDate)
8.  for match in matches:
9.      print("Full match: %s" % (match))
10. print()
11.
12. # 分离出月份
13. regex = r"([a-zA-Z]+) \d+"
14. matches = re.findall(regex, strDate)
15. for match in matches:
16.     print("Match month: %s" % (match))
17. print()
18.
19. # 输出每个匹配的位置（开始、结束位置）
20. regex = r"([a-zA-Z]+) \d+"
21. matches = re.finditer(regex, strDate)
22. for match in matches:
23.     print("Match at index: %s, %s" % (match.start(), match.end()))
24.
```

输出结果如下：

```
1.
2.  Full match: June 24
3.  Full match: August 9
4.  Full match: Dec 12
5.
6.  Match month: June
7.  Match month: August
8.  Match month: Dec
9.
10. Match at index: 0, 7
11. Match at index: 9, 17
12. Match at index: 19, 25
13.
```

6.7 数学计算模块（math /random/statistics）

数学计算模块主要包括math、random、statistics三个模块。
math模块提供了C语言浮点数计算的接口，例如：

```
1.  >>> import math
2.  >>> math.cos(math.pi / 4)
3.  0.7071067811865476
4.  >>> math.log(1024, 2)
5.  10.0
6.
```

random模块提供了随机数生成等功能，例如：

```
1.  >>> import random
2.  >>> random.choice(['apple', 'pear', 'banana'])
3.  'apple'
4.  >>> random.sample(range(100), 10)   # sampling without replacement
5.  [30, 83, 16, 4, 8, 81, 41, 50, 18, 33]
6.  >>> random.random()   # random float
7.  0.17970987693706186
```

```
8.  >>> random.randrange(6)     # random integer chosen from range(6)
9.  4
10.
```

statistics模块提供了对数值型变量进行各种统计的功能，例如：

```
1.  >>> import statistics
2.  >>> data = [2.75, 1.75, 1.25, 0.25, 0.5, 1.25, 3.5]
3.  >>> statistics.mean(data)
4.  1.6071428571428572
5.  >>> statistics.median(data)
6.  1.25
7.  >>> statistics.variance(data)
8.  1.3720238095238095
9.  >>>
```

此外还有更多的数学计算模块（如 SciPy 等）可供使用，用法比较简单，请读者自行查阅。

6.8　互联网访问模块（urllib/smtplib）

Python 有很多的互联网访问模块供开发者选择。最常用的模块是 urllib 和 smtplib。urllib 包括 error、parse、request、response 等四个子模块，分别对应着错误处理、内容解析、互联网访问和响应功能。例如：

```
1.
2.  import urllib.request
3.
4.
5.  file = urllib.request.urlopen("https://www.python.org/")   # 返回一个文件
对象
6.
7.  print("urlopen返回类型：", type(file))
8.
9.  print("获取头部服务器信息：",file.getheader("Server"))
10. print("查看响应代码：",file.status)
11. print("查看访问url：",file.geturl())
```

```
12.
13. page = file.read()   # 一次性读取所有内容，以便显示
14. print("-"*40)
15. print("输出网页源码:",page.decode('utf-8'))
16.
```

输出结果如下：

```
1.
2.  urlopen返回类型:  <class 'http.client.HTTPResponse'>
3.  获取头部服务器信息:  nginx
4.  查看响应代码:  200
5.  查看访问url:  https://www.python.org/
6.  ---------------------------------------
7.  输出网页源码: <!doctype html>
8.  <!--[if lt IE 7]>
9.  ... ....
10.
```

模块smtplib功能较为简单，提供了一种发送电子邮件的功能，它对smtp协议进行了简单的封装。

6.9 日期和时间模块（datetime）

datetime模块为日期和时间处理提供了丰富的实现方法，并支持时区处理。例如：

```
1.
2.  import datetime
3.
4.
5.  # 获取现在的日期和时间
6.  curTime = datetime.datetime.now()
7.  print("当前时间: ", curTime)
8.
9.
10. # 获取今天的日期
```

```
11. now = datetime.date.today()
12. print("当前日期: ", now)
13.
14.
15. # 日期格式化
16. fmtTime = now.strftime("%m-%d-%y. %d %b %Y is a %A on the %d day of %B.")
17. print("格式化时间: ", fmtTime)
18.
19. # 日期支持日历计算，日期差。如计算从出生到今天的天数
20. birthday = datetime.date(1986, 9, 1)
21. age = now - birthday
22. print("经历的天数: ", age.days, "天")
23.
```

输出结果如下：

```
1.
2. 当前时间: 2018-07-25 21:06:57.984800
3. 当前日期: 2018-07-25
4. 格式化时间: 07-25-18. 25 Jul 2018 is a Wednesday on the 25 day of July.
5. 经历的天数: 11650 天
6.
```

6.10　数据压缩模块（zlib）

数据压缩模块 zlib 是一个第三方模块，它提供了对数据的压缩和解压缩功能。这个模块常用的函数如下。

1）zlib.compress(data, level=-1)

压缩参数 data 中的字节数据，返回一个字节序列的对象。Level 表示压缩级别，取值范围 0～9，数值越大，压缩比越大，但压缩速度越慢，若为 0，表示不做任何压缩；默认值为 -1，表示压缩级别为 6。

2）zlib.crc32(data[, value=0])

对数据 data 进行循环冗余校验（Cyclic Redundancy Check）。如果给定参数 value，则将其作为校验和的起始值；默认使用 0 作为校验和的起始值。

3）zlib.decompress(data, wbits=MAX_WBITS, bufsize=DEF_BUF_SIZE)

实现解压缩，是compress()的逆函数。

下面举例说明。本例把C:盘目录下的.txt文件进行压缩，并显示压缩比例。

```
1.
2.  import zlib
3.  import glob
4.
5.  iNum = 0;
6.  for filename in glob.glob("c:\\*.txt"):  # 返回一个列表对象list
7.
8.      file = open(filename, "rb")
9.      indata = file.read()
10.     outdata = zlib.compress(indata, zlib.Z_BEST_COMPRESSION)
11.
12.     print(filename, "压缩比：%d%%" % (len(outdata) * 100 / len(indata)))
13.     file.close()
14.
15. print("执行完毕.")
16.
```

这个例子综合运用了内置函数open()、文件搜索模块glob以及zlib模块的功能，其输出结果为：

```
1.
2.  c:\hello.txt 压缩比：72%
3.  c:\mima.txt 压缩比：100%
4.  c:\PythonUsage.txt 压缩比：48%
5.  执行完毕.
6.
```

6.11 日志功能（logging）

模块logging提供了灵活的日志处理功能，可以输出运行日志、日志的等级、日志保存路径、日志文件回滚等。它提供的日志等级按高低依次分为DEBUG → INFO → WARNING → ERROR → CRITICAL(FATAL),表6-5展示了各种日志等级的说明。

表6-5　模块logging中日志等级的说明

等级	说明
CRITICAL	致命错误（FATAL），此时系统基本不能运行了
ERROR	异常错误比较严重，需要尽快处理
WARNING	出现一些不影响程序执行的意外，或者对某些情况的预警，提示运维人员和开发者注意
INFO	正常输出信息，以便说明程序运行正常
DEBUG	正常调试时需要输出的信息，对开发者最为有用

设置输出日志等级时，比设置的等级高的日志都可以记录下来。如模块设置的等级是WARNING，则日志等级为 WARNING、ERROR、CRITICAL 的日志会被记录，而 DEBUG、INFO 等级的日志会被忽略。

举一个简单例子，把日志信息输出到一个日志文件中：

```
1.
2. import logging
3.
4. logging.basicConfig(filename='C:\\testinfo.log',level=logging.DEBUG)
5. logging.debug('This message should go to the log file')
6. logging.info('So should this')
7. logging.warning('And this, too')
8.
```

在这个例子中，设置的日志输出等级为DEBUG，则DEBUG及更高级别的信息都可以输出到testinfo.log文件中。

日志除了可以输出到文件中，还可以输出到屏幕、邮件、套接字（socket）或者HTTP服务器中。读者在学习中注意重点掌握这几个概念：

loggers：loggers是 logging 模块提供的日志类的实例，它提供接口供程序直接调用。

handlers：handlers 负责把不同的日志信息转发到不同的地方

Formatters：Formatters 可以用来控制日志输出的格式。

6.12　数组模块（array）

数组模块定义了一个新的数据类型：array，即数组。一个数组对象只能存储一种类型的数据。在创建数组对象的时候，要指定存储的数据类型代码，见表6-6。

表6-6　模块array可存储的数据类型的代码

类型代码	C语言	Python语言	最少存储/字节	备注
'b'	signed char	int	1	
'B'	unsigned char	int	1	
'u'	Py_UNICODE	Unicode character	2	将来可能变化
'h'	signed short	int	2	
'H'	unsigned short	int	2	
'i'	signed int	int	2	
'I'	unsigned int	int	2	
'l'	signed long	int	4	
'L'	unsigned long	int	4	
'q'	signed long long	int	8	
'Q'	unsigned long long	int	8	
'f'	float	float	4	
'd'	double	float	8	

创建array型变量是通过array的构造函数实现的，构造函数格式如下：

1. array(typecode[, initializer])

其中参数typecode指定对象存储的数据类型，其值是上面类型代码表中的一个。对象初始化内容来自参数initializer，它必须是一个列表、字节序列或者一个可迭代对象，它们的元素的类型必须一致。如果没有给定参数initializer，则创建一个指定存储类型的空对象。

数组对象的操作和列表对象非常类似，也包括append()、insert()、extend()、remove()、count()等方法。举例如下：

```
1.
2. from array import *
3.
4.
5. # 创建一般array对象，并初始化
6. my_array = array('i',[1, 2, 3, 4, 5])  # signed integer
7.
8.
9. # 访问元素
10. print("初始状态：")
11. for i in my_array:
12.     print(i, end = ", ")
```

```
13. print()
14.
15. # 添加元素
16. my_array.append(6)      # 在尾部追加
17. my_array.insert(0,0)    # 在指定下标插入
18. print("追加和插入之后：")
19. for i in range(0,len(my_array)):  # 也可以这样访问
20.     print(my_array[i], end = ", ")
21. print()
22.
23. # extend
24. my_extnd_array = array('i', [7,8,9,10])
25. my_array.extend(my_extnd_array)
26. print("扩展之后：")
27. for i in my_array:
28.     print(i, end = ", ")
29. print()
30.
31. # remove
32. my_array.remove(7)
33. print("删除之后：")
34. for i in my_array:
35.     print(i, end = ", ")
36. print()
37.
```

这段代码把数组 array 的基本操作都展示了，输出结果如下：

```
1.
2.  初始状态：
3.  1, 2, 3, 4, 5,
4.  追加和插入之后：
5.  0, 1, 2, 3, 4, 5, 6,
6.  扩展之后：
7.  0, 1, 2, 3, 4, 5, 6, 7, 8, 9, 10,
8.  删除之后：
9.  0, 1, 2, 3, 4, 5, 6, 8, 9, 10,
10.
```

6.13 十进制数学模块（decimal）

十进制数学模块decimal提供了数据类型Decimal，用来定义十进制浮点数（定点精度数据）。Decimal是定点精度数据类型，可以在定义时指定精度，这一点不同于float类型，float类型是基于硬件的二进制浮点数，开发者不能指定小数位，所以不能存储精确值。Decimal变量通过Decimal构造函数创建，构造函数格式如下：

```
1.  Decimal(value="0", context=None)
```

参数value的类型可以是int、str、tuple、float、Decimal。如果没有给定value，则返回Decimal('0')。

如果value是一个字符串（str），则在其前导和尾随空白符以及整个下划线被删除后，应符合十进制数字的格式，即由符号部分（可选）、数字部分（可带小数点）、指数部分（指定小数位数，可选）组成，语法格式如下：

```
1.  sign           ::=  '+' | '-'
2.  digit          ::=  '0' | '1' | '2' | '3' | '4' | '5' | '6' | '7' | '8' | '9'
3.  indicator      ::=  'e' | 'E'
4.  digits         ::=  digit [digit]...
5.  decimal-part   ::=  digits '.' [digits] | ['.'] digits
6.  exponent-part  ::=  indicator [sign] digits
7.  infinity       ::=  'Infinity' | 'Inf'
8.  nan            ::=  'NaN' [digits] | 'sNaN' [digits]
9.  numeric-value  ::=  decimal-part [exponent-part] | infinity
10. numeric-string ::=  [sign] numeric-value | [sign] nan
```

如果value是一个元组（tuple），则它应该有三个元素：一个符号（0对应正数，1对应负数），一个内嵌的元组数字和一个整数指数（指定小数位数）。例如Decimal((0, (1, 4, 1, 4), -3))，其返回值为Decimal('1.414')

如果value是一个float型浮点数，则将无损地转换为精确的十进制数，此转换通常为53位或更高的精度。例如Decimal(float('1.1'))转换为

```
Decimal( '1.100000000000000088817841970012523233890533447265625' )
```

注意：Decimal类型数据的取整除法（//）、取模（%）运算与int整型数、float浮点数是有区别的，举例如下：

```
1.  >>> (-7) % 4  # 结果符号与被除数 4 相同
2.  1
3.  >>> Decimal(-7) % Decimal(4)  # 结果符号与除数 Decimal(-7) 相同
4.  Decimal('-3')
```

对于取整除法（//）运算，Decimal 类型变量直接返回整数部分，而不是向下取整，例如：

```
1.  >>> -7 // 4
2.  -2
3.  >>> Decimal(-7) // Decimal(4)   # 直接返回整数部分
4.  Decimal('-1')
```

context 参数用来指定运算精度、舍入规则以及指数（小数位数）范围，并确定哪些信号被视为异常。一个新 Decimal 数据的精度取决于输入数字的位数，而 context 设置的精度和舍入规则仅在运算过程中发挥作用，这个精度值等于小数点前后的数字位数之和（小数点不计算在内）。例如：

```
1.  >>> from decimal import *
2.  >>> getcontext()
3.  Context(prec=6, rounding=ROUND_HALF_EVEN, Emin=-
    999999, Emax=999999, capitals=1, clamp=0, flags=[InvalidOperation, Inexact,
    FloatOperation, Rounded], traps=[InvalidOperation, DivisionByZero, Overflow])
4.  >>> getcontext().prec = 6
5.  >>> Decimal('3.0')
6.  Decimal('3.0')
7.  >>> Decimal('3.1415926535')
8.  Decimal('3.1415926535')
9.  >>> Decimal('3.1415926535') + Decimal('2.7182818285')
10. Decimal('5.85987')
11. >>> getcontext().rounding = ROUND_UP
12. >>> Decimal('3.1415926535') + Decimal('2.7182818285')
13. Decimal('5.85988')
14.
```

Decimal 模块还有很多实用功能，读者可通过 dir(decimal) 和 help(decimal) 查看。

以上介绍的都是 Python 常用的标准库（模块），还有成百上千的模块在源源不断地加入 Python Package Index 资源库，这个资源库包含单个程序、模块、包以及应用程序开发框架，读者可以在这个万花筒里查询各种功能模块，Python Package Index 网站地址是 https://pypi.org/。

7 数据库编程

按照内部数据的组织模式，数据库可分为关系型数据库（RDBMS：Relational DataBase Management System）和非关系型数据库，非关系型数据库又称NoSQL(Not only SQL)或者NewSQL数据库。关系型数据库有很多，如开源的MySQL、SQLite、PostgreSQL，商用的Oracle、MS SqlServer、DB2、Informix等；非关系型数据库大多是开源的，如MongoDB、Cassandra、CouchDB、Hypertable、Redis、Neo4j等，种类很多。

鉴于关系型数据库使用的方便性和广泛性，本书中只介绍关系型数据库。学习了关系型数据库的操作后，非关系型数据库的使用也会很容易上手。

7.1 数据库基础知识

本节对关系型数据库的基础知识做一个简要介绍，以便与后续的讲解衔接。对数据库比较熟悉的读者可略过本节内容，直接进入下一节。

关系型数据库的模型由IBM研究员E.F.Codd于1970年提出，经过几十年的发展，目前已成为主流架构模型。一个关系型数据库是由互相关联的表（table）组成的一个数据组织，这种表通过列（又称为域、字段）和行（记录、元组）来记录特定项目的信息。关系型数据库有以下几个特点：

① 数据结构化，支持结构化查询语言SQL(Structure Query Language)；
② 数据统一定义、组织和存储，有效降低数据冗余和数据不一致的概率；
③ 数据独立，数据库具有较高的稳定性；
④ 多个用户可并行使用数据而互不影响，提高数据库的使用效率。

表7-1所示为关系型数据库模型中的主要概念。

表7-1　关系型数据库模型中的主要概念

概念	说明
关系	一张表对应一个关系，表名称即是关系名称
元组	表中的一行就是一个元组，也是一条记录。注意与Python的数据类型tuple不同
属性	表中的一列是一个属性
主关键字	表中的某一特殊属性，可以唯一确定一个元组（一条记录）
域	属性的取值范围，是值的集合
分量	元组中一个属性的具体值
关系模式	对关系的描述，一般格式为：关系名称(属性1, 属性2, …, 属性n)

关系型数据库有以下性质：

● 每一列（属性）的分量（值）具有相同的数据类型，来自同一域；
● 不同的列可出自同一个域，每一列要用不同的列名。
● 列的顺序可以交换，即列的顺序无所谓；
● 行的顺序可以交换，即行的顺序无所谓；

- 一般来说，任意两行不能完全相同。
- 表中通常包含一个特殊列，保证区分每一行，这个列称为主关键字段，主关键字段可由几个字段组合而成，称为组合关键字。

关系型数据库的访问和操作所采用的标准语言为SQL。SQL语言由IBM公司的Don Chamberlin博士于1974年带头实现并不断完善，美国国家标准学会ANSI（American National Standards Institute）分别在1986年、1989年、1992年、1999年及2003年发布了不同版本的ANSI SQL语言标准，目前各大数据库厂商都遵循SQL的ANSI标准，同时也根据自己产品的特点对SQL进行适当的改进，如MS SQL Server的Transact-SQL语言、Oracle的PL/SQL语言等，它们对数据库的基本操作都是一致的。

SQL不是完整的程序设计语言，它不需要用户了解具体的数据存放方式，而允许用户在高层数据结构上操作，它可以嵌入到另一种语言中，适用于各种不同底层结构的数据库的管理。SQL的功能包括数据定义（Definition）、操纵（Manipulation）、查询（Query）和控制（Control）四个方面，见表7-2。

表7-2　SQL的功能及典型语句

SQL功能	典型语句
数据定义（DDL）	CREATE、DROP、ALTER
数据操纵（DML）	INSERT、UPDATE、DELETE
数据查询（DQL）	SELECT
数据控制（DCL）	GRANT、REVOKE、ROLLBACK、COMMIT

由于SQL的语法部分内容较多，有很多专门书籍介绍。这里只以最常用的INSERT、SELECT语句为例介绍最基础的语法，以方便后续内容的讲解。

1）SELECT语句

SELECT语句是使用最频繁的语句，它可以从一个或几个数据库表中返回类似表结构的数据，称为数据集（result-set）。其语法格式如下：

```
1.  SELECT expressions
2.  FROM tables
3.  [WHERE conditions]
4.  [ORDER BY expression [ ASC | DESC ]]
```

其中：

➢ expressions：列名或者任何计算表达式序列，若为星号，则表示表中所有的列（字段）；

➢ tables：表名，必须至少有一个表名，多个表名之间用逗号分开；

➢ conditions：设置返回结果集必须满足的条件，如果没有设置，则返回所有的记录；

➢ ORDER BY expression：排序表达式，设置返回结果的条件表达式序列，如果多于一个表达式，则以逗号分开；

➤ [ASC|DESC]：ASC表示返回结果集以排序表达式的升序排序，DESC表示以降序排序，默认为ASC。

假设有一个客户信息表custinfo，表中包括custid（客户ID）、custname（客户姓名）、phone（联系电话）、areacode（区号）、city（所在城市）、province（所在省份）等6个字段，如表7-3所示。

表7-3　客户信息表

custid	custname	phone	areacode	city	province
101	张三	66127890	010	北京	北京
102	李四	61345432	010	北京	北京
103	王二	5162377	0536	潍坊	山东
104	王五	87915799	0532	青岛	山东
105	赵六	6789990	0991	乌鲁木齐	新疆
106	陈一	8466897	0472	包头	内蒙古
107	陈二	62121799	020	广州	广东

现在我们要选出省份province为"山东"的客户的姓名、电话和区号，结果集按照姓名升序排列。则SELECT的语法应该是：

```
1.
2.  SELECT custname, areacode, phone
3.  FROM custinfo
4.  WHERE province='山东'   # province in ('山东') 也可以!
5.  ORDER BY custname
6.
```

查询结果如表7-4所示。

表7-4　SELECT查询结果

custname	areacode	phone
王二	0536	5162377
王五	0532	87915799

2）INSERT语句

INSERT语句用来向一个表中插入一条或多条新的记录。其语法格式为：

```
1.  INSERT INTO table
2.  (column1, column2, ... )
3.  VALUES(expression1, expression2, ... )
```

其中：

➤ Table为插入新记录的表的名称；

➤ column1,column2...为插入数据的列；

➤ expression1, expression2...用来把expression1的值赋值给column1，expression2的值
赋值给column3，依次类推。

例如使用INSERT语句把一名新客户的信息插入到数据表custinfo中，并给新客户分配custid为108，插入语句格式如下：

```
1.
2.  INSERT INTO custinfo
3.  (custid, custname, phone, areacode, city, province)
4.  VALUES
5.  (108, '刘六', '88122345', '0411', '大连', '辽宁')
6.
```

上面介绍的两个语句还有许多变化的形式，读者可进一步查阅资料学习。

7.2 Python DataBase API规范

Python DataBase API是Python程序访问数据库的接口，Python所有的数据库接口模块都要遵守Python DB-API 规范，并通过数据库连接对象创建的游标对象来操作数据库，以保证模块接口的一致性，统一对数据库的访问流程，方便不同数据库之间的移植。Python DataBase API规范目前的版本为2.0。Python DataBase API规范的官方网址是：https://www.python.org/dev/peps/pep-0249/。

Python与数据库之间的操作流程如图7-1所示。

图7-1　Python与数据库之间的操作流程

表7-5列出了Python DataBase API规范的目录。

表7-5　Python DataBase API规范的目录

序号	内容
1	概述（Introduction）
2	模块接口（Module Interface）
3	数据库连接对象（Connection Objects）
4	游标对象（Cursor Objects）
5	数据类型对象及其构造（Type Objects and Constructors）
6	给模块作者的实现提示（Implementation Hints for Module Authors）
7	可选的DB API扩展（Optional DB API Extensions）
8	可选的错误处理扩展（Optional Error Handling Extensions）
9	可选的两阶段提交扩展（Optional Two-Phase Commit Extensions）
10	常见问题（Frequently Asked Questions）
11	从版本1.0到2.0的主要变化（Major Changes from Version 1.0 to Version 2.0）
12	遗留问题（Open Issues）
13	脚注（Footnotes）
14	致谢（Acknowledgments）
15	版权（Copyright）

在实际应用中，用到最多的是第2、3、4部分，即模块接口、数据库连接对象和游标对象，下面对这三部分做一简单介绍，具体使用方法将在后面结合实例说明。

7.2.1　模块接口

1）构造方法

数据库厂商或第三方开发机构提供的数据库访问模块必须实现如下构造方法：
connect(parameters...)
这个构造方法返回一个数据库连接对象，参数的多少与具体数据库类型有关。

2）全局变量

访问模块必须定义如下全局变量：

➤ apilevel：字符串常量，表明支持的Python DataBase API版本，如果没有定义，则默认为DB-API 1.0版本。
➤ threadsafety：整数常量，表明模块支持的线程安全级别。数值越大，安全级别越高。

➢ paramstyle：字符串常量，声明模块所使用的SQL语句的参数引出方式。取值见表7-6。

表7-6　paramstyle取值

取值	说明	例子
qmark	问号方式	...WHERE name=?
numeric	序数方式	...WHERE name=:1
named	命名方式	...WHERE name=:name
format	通用方式	...WHERE name=%s
pyformat	python扩展方式	...WHERE name=%(name)s

3）错误和异常处理

模块必须能通过异常错误类及其子类捕获所有的错误信息，见表7-7。

表7-7　异常错误类说明

类名	说明
Warning	重要警告，必须是Python的StandardError的子类
Error	其他异常的基类，可以用它在一个except子句中捕获所有的异常。必须是Python的StandardError的子类
InterfaceError	与数据接口相关的异常错误，必须是Error的子类
DatabaseError	与数据库本身相关的异常错误，必须是Error的子类
DataError	与操作数据相关的异常错误，如除零等。必须是DatabaseError的子类
OperationalError	对数据库进行操作时发生的异常，必须是DatabaseError的子类
IntegrityError	与数据一致性、完整性相关的异常，必须是DatabaseError的子类
InternalError	数据库内部异常错误，必须是DatabaseError的子类
ProgrammingError	与Python代码相关的错误，即错误发生在代码侧。必须是DatabaseError的子类
NotSupportedError	未支持的错误，必须是DatabaseError的子类

7.2.2　数据库连接对象（Connection）

数据库连接对象必须能实现如下方法（函数）。

1）close()

关闭Connection对象，中止数据库操作，除非再次创建Connection对象连接，否则继续操作将引发异常错误。关闭连接前如果没有提交（commit）对数据的增删修改操作，则隐含发起一个回滚操作（rollback）。

2）commit()

提交当前事务。对于支持自动提交特性的数据库，必须初始化为不自动提交；对于不支持事务处理的数据库，该方法为空（void）。

3）rollback()

实现回滚操作，这个函数是可选的。

4）cursor()

返回一个游标（Cursor）对象（见下节）。

7.2.3 游标对象（Cursor）

游标对象用于数据访问，实现数据库表中行的迭代，它由数据库连接对象创建。游标对象必须具有以下属性：

① description 为只读属性，用来描述结果集中每一列的元信息，包含7个子项：name、type_code、display_size、internal_size、precision、scale、null_ok，其中name和type_code是必需的，其他5项是可选的。对于没有返回结果集的操作，此属性值为None。

② rowcount 为只读属性，对于数据查询语句，此属性值为结果集的记录数；对于数据操纵语句（如UPDATE/INSERT），此属性值为产生影响的记录数；若没有进行数据库操作，则此属性值为−1。

游标对象必须能实现以下几种方法。

1）callproc(procname [,parameters])

调用一个名为procname的存储过程，parameters是存储过程procname所需要的参数序列，按照存储过程对参数的顺序要求排列，是可选参数。根据存储过程的实现不同，对本方法的调用可能会对参数序列parameters进行修改，并将修改后的副本返回，其中输入型参数保持不变，输出型参数和输入/输出二合一型参数可替换为新值（从发挥的作用角度，可以将参数分为输入型参数、输出型参数和输入/输出型参数，输入型参数仅作为输入数据供函数使用；输出型参数在函数实现中设置，为调用者使用）。

在调用存储过程中，有时也会以记录结果集作为返回结果，此时要用后面讲述的fetch系列方法来获取结果。

由于并非每种数据库都支持存储过程，所以这个方法是可选的。

2）close()

关闭游标对象，此后该游标对象不可用，否则会引发错误。

3）execute(operation [,parameters])

执行数据库操作，可用setinputsizes()方法指定参数类型，以加快执行效率。返回结果与操作语句有关。

4）executemany(operation, seq_of_parameters)

执行多次数据库操作，其参数可以从参数序列seq_of_parameters获得。这个方法与多次执行execute()方法有同样的效果。

5）fetchone()

获取结果集中的一条记录，如果没有结果则返回None。如果最近一次调用execute方法没有生成任何结果集，或没有调用任何数据库操作，则调用此方法将抛出异常。

6）fetchmany([size=cursor.arraysize])

一次性获取结果集中指定大小的记录，如果没有结果，则返回空记录；如果不指定参数，则使用游标的arraysize。

7）fetchall()

获取结果集中所有剩余的记录。

8）nextset()

获取游标对象的下一个结果集，如果没有则返回None。由于不是每一个对象都能返回多个结果集，所以此方法为可选的。

9）arraysize

在使用fetchmany()方法时，指定每次返回的记录数，默认值为1。返回结果会影响到executemany()方法。它实际上是一个可读写的属性。

10）setinputsizes(sizes)

此方法可以在调用execute方法之前执行，它预先为execute的参数指定类型、内存大小等，以加快运行速度。参数sizes可以是一个序列，序列中的每个元素对应着一种数据类型（如时间、日期、字符串等）。

11）setoutputsize(size [,column])

与setinputsizes()方法对应，此方法用来为execute的返回结果集做预先安排，以提高执行效率。

不同的数据库厂商或第三方机构在实现自己的模块时，都可能会做一定程度的扩展，以方便操作使用。

7.3　访问MySQL数据库

本节以MySQL数据库为目标数据库，介绍在Python中如何对MySQL数据库进行操作。由于Python对数据库访问过程的统一性，其他数据库的访问流程与MYSQL数据库访问操作类似。

在 Python3.X 版本中，一般通过 PyMySQL 接口模块来访问 MySQL 数据库（Python2 经常使用 MySQLdb 模块，但不支持 Python3）。本节假定数据库 MySQL 已经安装完毕，有需要了解 MySQL 的安装、配置及运行的读者可以访问 MySQL 的官方网站或参考其他资料。

7.3.1　安装PyMySQL

PyMySQL 不是标准的内置模块，所以需要安装之后才能使用。PyMySQL 的官方网址为 https://github.com/PyMySQL。目前 PyMySQL 接口支持 5.5 以上版本的 MySQL，支持 2.7 以上版本的 CPython 解释器，支持最新的 PyPy 解释器。

Python 采用 pip 命令来安装、维护和卸载模块。要安装 PyMySQL，只需在命令行窗口中执行如下命令（注：如果没有在系统路径中设置 Python 的安装路径，则需要在 Python 安装目录的子目录 Scripts 下打开命令行窗口）：

```
pip install PyMySQL
或者
python -m pip install PyMySQL
```

当出现如下信息时，表明安装成功。

```
1.  ...
2.  Installing collected packages: PyMySQL
3.  Successfully installed PyMySQL-0.9.2
```

显示当前成功安装的 PyMySQL 版本为 0.9.2，也表明了进行数据库访问的条件已经具备。

7.3.2　使用PyMySQL

首先要确认 MySQL 数据库服务器在本地已经正常运行，并且已经创建了一个 testdb 的数据库。PyMySQL 的使用包括以下几个基本步骤：

① 导入 pymysql 模块（注意模块名称为小写）；

② 使用模块提供的 connect 方法建立与数据库的连接，获得数据库连接对象；

③ 通过数据库连接对象创建游标对象；

④ 使用游标对象执行 sql 语句或存储过程；

⑤ 不再使用时，关闭游标及数据库连接。

1）创建数据库表

前面讲解数据库基础知识的时候提到过 custinfo 数据库表，这里我们通过代码来创建这个库表。实例代码如下：

```
1.  import pymysql
2.
3.
4.  # Connect to the database
5.  db = pymysql.connect(host='localhost',
6.                       user='root',
7.                       password='root',
8.                       database='testdb',
9.                       charset='utf8mb4',
10.                      cursorclass=pymysql.cursors.DictCursor)
11.
12. try:
13.     cursor = db.cursor()        # 使用 cursor() 创建游标对象 cursor
14.
15.     # 使用 execute() 方法执行 SQL DROP：如果表存在则删除
16.     cursor.execute("DROP TABLE IF EXISTS custinfo")
17.
18.     # 创建表语句
19.     sql = """CREATE TABLE custinfo (
20.             custid int(11) NOT NULL,
21.             custname varchar(64) NOT NULL,
22.             phone varchar(11) DEFAULT NULL,
23.             areacode varchar(8) DEFAULT NULL,
24.             city varchar(64) DEFAULT NULL,
25.             province varchar(64) DEFAULT NULL
26.             ENGINE=InnoDB DEFAULT CHARSET=utf8;"""
27.     cursor.execute(sql)
28.
29.     # 主动提交，保存变化
30.     db.commit()
31.
32.     print("代码执行完毕！")
33. except pymysql.Error as err:
34.     print(err)
35. finally:
36.     cursor.close()
37.     db.close()
38.
```

成功执行上面的代码后，就会在本地的MySQL数据库服务器的testdb数据库中创建一个custinfo的表。在这个例子中，我们使用pymysql.connect()方法创建了一个名称为db的数据库连接对象，使用这个对象的db.cursor()方法创建了一个游标对象cursor。后面的执行语句则是游标对象的cursor.execute()方法。实例中首先判断表custinfo是否存在，如果存在就删除（DROP），然后重新创建。最后使用db.close()方法关闭数据库连接。注意，这个调用同时会触发cursor.close()关闭游标对象。

下面的两个例子有部分代码和上面例子是一样的，特别是创建数据库连接对象和游标对象，只是执行的任务不同，这里会用到前面讲过的INSERT和SELECT语句。

2）数据库插入操作

以下实例通过执行SQL的INSERT语句，向刚刚建立的custinfo表插入几条记录：

```
1.  import pymysql
2.
3.
4.  # Connect to the database
5.  db = pymysql.connect(host='localhost',
6.                      user='root',
7.                      password='root',
8.                      database='testdb',
9.                      charset='utf8mb4',
10.                     cursorclass=pymysql.cursors.DictCursor)
11.
12. try:
13.     cursor = db.cursor()        # 使用 cursor() 创建游标对象 cursor
14.
15.     # SQL 插入语句
16.     sql = """INSERT INTO custinfo
17.             (custid, custname, phone, areacode, city, province)
18.             VALUES
19.             (101, '张三', '66127890', '010', '北京', '北京')"""
20.     # 使用 execute()执行sql语句
21.     cursor.execute(sql)
22.
23.     # SQL 插入语句
24.     sql = """INSERT INTO custinfo
25.             (custid, custname, phone, areacode, city, province)
```

```
26.              VALUES
27.                   (102, '李四', '87915799', '0532', '青岛', '山东')"""
28.      # 使用 execute()执行sql语句
29.      cursor.execute(sql)
30.
31.      # 也可以一次执行多个插入，注意custid对应的格式仍然是 %s！
32.      cursor.executemany("""INSERT INTO custinfo
33.                       (custid, custname, phone, areacode, city, province)
34.                       VALUES(%s, %s, %s, %s, %s, %s) """,
35.                       [(103, '王二', '67346743', '010', '北京', '北京'),
(104, '赵五', '86615736', '0532', '青岛', '山东')])
36.
37.
38.
39.      # 主动提交，保存变化
40.      db.commit()
41.
42.      print("代码执行完毕！")
43. except pymysql.Error as err:
44.      print(err)
45. finally:
46.      cursor.close()
47.      db.close()
48.
```

本例代码与上一个例子的区别在于执行的SQL语句不同，这次我们是向已经建立的表custinfo中插入了两条记录。

3）数据库查询操作

通过Python DataBase API规范，我们知道可以通过fetchone()、fetchall()等方法获取查询结果集的记录。下面我们用fetchall()展示如何处理返回的结果集，假如要选出城市city为青岛的客户，代码如下：

```
1.
2. import pymysql
3.
4.
```

```
5.   # Connect to the database
6.   db = pymysql.connect(host='localhost',
7.                        user='root',
8.                        password='root',
9.                        database='testdb',
10.                       charset='utf8mb4',
11.                       cursorclass=pymysql.cursors.DictCursor)
12.
13.  try:
14.      cursor = db.cursor()       # 使用 cursor() 创建游标对象 cursor
15.
16.      # SQL 插入语句
17.      sql = """SELECT custid, custname, phone, areacode, city, province
18.             FROM custinfo
19.             WHERE city='青岛'"""
20.      # 使用 execute()执行sql语句
21.      cursor.execute(sql)
22.
23.      # 获取所有记录列表list
24.      results = cursor.fetchall()
25.      for row in results:
26.          custid = row['custid']
27.          name   = row['custname']
28.          phone  = row['phone']
29.          areacode = row['areacode']
30.          city     = row['city']
31.          province = row['province']
32.          # 打印结果
33.          print ("custid=%s, name=%s, phone=%s, city=%s, province=%s." \
34.                 % (custid, name, (areacode+"-"+phone), city, province ))
35.
36.      print("代码执行完毕！")
37.  except pymysql.Error as err:
```

```
38.    print(err)
39. finally:
40.    cursor.close()
41.    db.close()
42.
```

请读者仔细研读第24行之后的代码，掌握如何处理返回的结果集。方法fetchall()返回的是结果集列表，是一个list对象。一条记录是一个list的元素，这个元素是一个字典dict对象，因而变量row是一个字典dict对象。

最后说明一点，在查询语句SELECT中尽量不采用"SELECT *"这种形式，因为数据库表的结构有可能会发生变化，如添加一个字段或删除一个字段，而这是开发者很难预料到的。

8 数据科学重要模块介绍

Python语言在科学计算中的地位越来越突出，它以NumPy（Numerical Python）模块为基础，构成了一个高性能科学计算和数据分析生态系统，如图8-1所示。

图8-1 基于NumPy的数据分析计算生态系统

在这个生态系统中，越处于高层的模块，越能够解决具体的业务问题。本章将重点对最基础的NumPy、Pandas、SciPy和MatPlotlib进行讲解。

8.1 NumPy

NumPy是Python进行科学计算和数据分析所必需的基本程序库，作为一个科学计算的基础包，NumPy主要提供以下功能：

➢ 创建强大的N维数组对象；
➢ 进行各种复杂的数值运算；
➢ 能够集成C/C++和Fortran代码；
➢ 实现线性代数、傅里叶变换和随机数运算。

另外，NumPy可用作通用数据的高效多维容器，定义任意数据类型，与各种数据库无缝集成。NumPy的官方网址：http://www.numpy.org/。

安装NumPy的最好方式是使用pip工具，使用命令如下：

```
1.  pip install numpy
2.  或者
3.  pip install -U numpy  # 直接安装最新的版本
```

8.1.1 NumPy数组概念

NumPy的主要对象是多维数组ndarray（N-Dimensional array Object），ndarray实际上是

一个元素数据表，其中的元素具有相同的数据类型（通常为数值型），这与通过列表（list）对象创建的多维数组不同，列表（list）中元素的类型是没有限制的，而NumPy的多维数组要求元素的类型必须一致。

我们在前面讲解Python常用标准库的时候，提到过一个内置模块array，这个模块为Python定义了一个新的数据类型：array数组。一个array对象只能存储一种类型的数据，这点和ndarray一样，但array数组不支持多维，也没有各种运算函数，因此不适合进行数值运算，而NumPy的多维数组则弥补了个不足，并有针对性地进行了扩展，从而成为在Python中进行各种数值计算的基础。后面提到的数组如果没有特别说明，就特指NumPy多维数组ndarray。

在NumPy数组中，用维度一词来表示访问数组元素所使用索引的数量，即用几个下标可以访问数组中最基本的元素，维度又称为轴（axis），每个维度（轴）包含元素的个数称为长度。例如下面的数组有2个轴，维度为2，第一轴（axis=0）的长度为2，第二轴（axis=1）的长度为3。

```
[[ 1., 0., 0.],
 [ 0., 1., 2.]]
```

注意，NumPy数组中的维度与数学向量的维度概念是不同的。例如数学向量[1, 2, 1]的维度为3，而在NumPy中，这个数组的维度为1。NumPy中每个数轴（维度）都有标签标识，通常是从整数0开始，如axis=0，axis=1，axis=2等等。NumPy规定最外层为0轴，从外向内依次增加，直到包含最基本元素的层。

由每个维度包含元素的个数（即维度或轴的长度）组成的元组（tuple）称为数组的形（shape），其中的元素从左到右依次为第一维度（轴）的长度、第二维度（轴）的长度……。可以看出，shape中元素的个数就是数组的维度数。

维度数又称为数组的阶（rank）。

NumPy数组还有一个相关联的数据类型对象（data-type object），用来描述数组中每个元素的基本数据类型、字节顺序、在内存中占据的字节数等信息。

创建NumPy的数组对象可以使用numpy.ndarray()，也可以使用numpy.array()、zeros()等方法，后一种方式更为常用。语法格式如下：

```
1.  #0 创建一个对象，无初始化。
2.  ndarray(shape, dtype=float, buffer=None, offset=0, strides=None, order=None)
3.  # dtype:数据类型；buffer:初始化值；offset:buffer的偏移量。
4.  # strides:维度方向遍历数组时的步长（字节）；order:创建数组的方式，'C'为行方
    向（默认），'F'为列方向。
5.  #1 创建以object值为元素的数组
6.  array(object, dtype=None, copy=True, order='K', subok=False, ndmin=0)
7.  # copy:是否需要复制对象；subok:是否强制转换为基类数据类型；ndmin:数组的最小维度。
8.  #2 创建形为shape的，初始化所有元素为0的数组
9.  zeros(shape, dtype=float, order='C')
```

```
10.
11. #3 创建形为shape的，初始化所有元素为1的数组
12. ones(shape, dtype=float, order='C')
13.
14. #4 创建形为shape的数组，不做任何初始化
15. empty(shape, dtype=float, order='C')
16.
17. #5 创建形为shape的数组，并以fill_value给定的值初始化所有元素
18. full(shape, fill_value, dtype=None, order='C')
```

使用ndarray()必须带参数shape，其他参数可以默认。创建的数组对象初始值为0，只是随系统平台不同会有误差，但元素值都非常接近于0。

使用array()必须带参数object，代表一个列表（list）对象或元组（tuple）对象，用来表示创建数组的数据。

使用zeros()必须带参数shape，所有元素初始化为0。

使用ones()必须带参数shape，所有元素初始化为1。

使用empty()必须带参数shape，所有元素初始化值没有意义，由系统随意给定，使用时注意。

使用full()必须带参数shape和fill_value，所有元素初始化值是fill_value。

以上几种创建NumPy数组对象的方法，如果没有提供dtype参数，则分别使用默认值：对ndarray()、zeros()、ones()、empty()，默认为浮点数float；对array()、full()，默认为能够容纳参数object或fill_value中数据的最小类型（按字节大小）。

下面以实例展示数组的创建流程。

```
1.
2.  import numpy as np
3.
4.
5.  #1 使用ndarray()，创建以零zero填充的对象。具体平台可能有误差
6.  x = np.ndarray((3,5))  # shape=(3,5)，表示一个二维数组，相当于3行5列
7.  print("ndarray  Dim:%d, shape:%s, dtype:%s" % (x.ndim, str(x.shape), x.dtype))
8.  print(x, "\n")
9.
10. #2 使用array()
11. y1 = np.array( [1,2,3,4] )   # 参数为列表list
12. print("array(list)  Dim:%d, shape:%s, dtype:%s" % (y1.ndim, str(y1.shape), y1.dtype))
13. print(y1, "\n")
14.
```

```
15.  y2 = np.array( (1,2,3,4) )    # 参数为元组tuple
16.  print("array(tuple)  Dim:%d, shape:%s, dtype:%s" % (y2.ndim, str(y2.shape), y2.dtype))
17.  print(y2, "\n")
18.
19.  #3 使用zeros()
20.  z1 = np.zeros((3,4))
21.  print("zeros  Dim:%d, shape:%s, dtype:%s" % (z1.ndim, str(z1.shape), z1.dtype))
22.  print(z1, "\n")
23.
24.  #4 使用ones()
25.  z2 = np.ones((2,3))
26.  print("ones  Dim:%d, shape:%s, dtype:%s" % (z2.ndim, str(z2.shape), z2.dtype))
27.  print(z2, "\n")
28.
29.  #5 使用empty()
30.  z3 = np.empty((3,4))
31.  print("empty  Dim:%d, shape:%s, dtype:%s" % (z3.ndim, str(z3.shape), z3.dtype))
32.  print(z3, "\n")
33.
34.  #6 使用full()
35.  z4 = np.full((4,4), 99)
36.  print("full  Dim:%d, shape:%s, dtype:%s" % (z4.ndim, str(z4.shape), z4.dtype))
37.  print(z4, "\n")
38.
```

输出结果如下：

```
1.
2.  ndarray  Dim:2, shape:(3, 5), dtype:float64
3.  [[4.34350553e-311 0.00000000e+000 0.00000000e+000 0.00000000e+000
4.    0.00000000e+000]
5.   [0.00000000e+000 0.00000000e+000 0.00000000e+000 0.00000000e+000
6.    0.00000000e+000]
7.   [0.00000000e+000 0.00000000e+000 0.00000000e+000 0.00000000e+000
8.    0.00000000e+000]]
9.
10. array(list)  Dim:1, shape:(4,), dtype:int32
```

```
11. [1 2 3 4]
12.
13. array(tuple)  Dim:1, shape:(4,), dtype:int32
14. [1 2 3 4]
15.
16. zeros  Dim:2, shape:(3, 4), dtype:float64
17. [[0. 0. 0. 0.]
18.  [0. 0. 0. 0.]
19.  [0. 0. 0. 0.]]
20.
21. ones  Dim:2, shape:(2, 3), dtype:float64
22. [[1. 1. 1.]
23.  [1. 1. 1.]]
24.
25. empty  Dim:2, shape:(3, 4), dtype:float64
26. [[0. 0. 0. 0.]
27.  [0. 0. 0. 0.]
28.  [0. 0. 0. 0.]]
29.
30. full  Dim:2, shape:(4, 4), dtype:int32
31. [[99 99 99 99]
32.  [99 99 99 99]
33.  [99 99 99 99]
34.  [99 99 99 99]]
35.
```

从上面的输出结果可以看出，采用ndarray()方法创建的数组对象，其初始值是不固定的，因此NumPy一般不建议采用这种方法，而建议使用array()等其他方法。

有一点需要注意：NumPy数组在创建后大小已经固定（由其shape确定），这一点与Python的原生数组array对象可以动态增长不同。如果更改了NumPy数组对象的大小，则系统将创建一个新数组并删除原来的数组。

NumPy在输出数组时，以类似嵌套列表的形式显示，并具有以下布局规则：

➢ 最后一个维度（轴）从左到右打印；
➢ 倒数第二个从上到下打印；
➢ 其余部分也从上到下打印，每个切片用空行分隔。

8.1.2　NumPy的数组操作

1）基本元素的访问

NumPy 数组的元素是通过索引下标来访问的。设有一个二维数组A，如图8-2所示，对其中任何一个元素的访问都可以通过下标组合来访问：A[1,1]=6, 或A[1][1]=6，表示访问的是第二行，第二列的元素值。

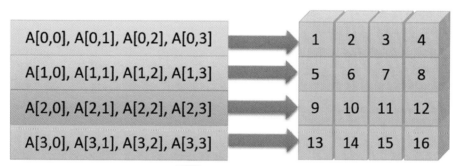

图8-2　二维数组示意图

注意A[r,c]和A[r][c]两者是有区别的。A[r,c]只进行了一次计算，直接获取了数组（网格）中行为r、列为c位置的元素；而A[r][c]进行了两次计算：首先获取A[r]对应的数据集合（是第r行的数据集合），然后在获取的新数据集合中获取第c个元素。请看下面的例子：

```
1.
2.  import numpy as np
3.
4.  A = np.array([[1,2,3,4],[5,6,7,8],
5.                  [9,10,11,12],[13,14,15,16]])
6.  x = A[2,2]   #1 一步定位
7.  print(x) # 输出11
8.
9.  # A[2][2] 执行了两步
10. y1 = A[2]   #1
11. print(y1)      # y1 是一个数组
12. y2 = y1[2] #2
13. print(y2) # 输出11
14.
```

如果获取一个最基本的元素，两者的结果没什么区别，但如果应用到切片（slicing）等操作时，两者结果就会出现差异，在后面讲到这些操作的时候，我们再举例说明。建议开发者使用A[r,c]这种方式获取数组中特定位置的数据元素。

2）算术运算符的操作

可以将绝大多数的数学运算符应用于NumPy数组元素访问计算上（某些操作如+=、-=、*=、/=、%=等用来修改现有数组，而不是创建新数组）。当对不同类型的数组进行操作时，返回结果的类型与更一般或更精确的数组相同（称为向上转换的行为）。

许多一元操作方法，例如计算数组中所有元素的总和，都是作为ndarray类的方法实现的，默认情况下操作的对象是整个数组，但通过指定axis参数，可以沿指定的数组轴进行操作。

在NumPy数组中，要想实现类似矩阵乘积的算法，可以使用"@"运算符（仅适用于python3.5以上版本）或dot函数（方法）执行。实际上，NumPy也提供了matrix数据类型，matrix可以看作是维度为2的一种特殊array类型。举例如下：

```
1.
2.  import numpy as np
3.
4.
5.  a = np.array( [20,30,40,50] )
6.  b = np.arange( 4 )   # 创建一个 0,1,2,3的数组ndarray
7.  print("a:\n", a)
8.  print("b:\n", b)
9.  print("-"*37)
10.
11. #1 这些操作符，直接操作于数组的基本元素上
12. x1 = a - b
13. print("x1 = a-b:\n", x1, "\n")
14. x2 = a + b
15. print("x2 = a+b:\n", x2, "\n")
16. x3 = a*b
17. print("x3 = a*b:\n", x3, "\n")
18. x4 = b**3
19. print("x4 = b**3:\n", x4, "\n")
20. x5 = b*np.sin(a)
21. print("x5 = b*np.sin(a):\n", x5, "\n")
22. x6 = a<32
23. print("x6 = a<32:\n", x6, "\n")
24.
25. # 下面这些操作，将直接改变数组
26. a += 3
```

```
27. print("a+=3: -->a\n",a, "\n")
28. b *= 3
29. print("b*=3: -->b\n",b, "\n")
30. print()
31.
32. # 一元操作
33. x = np.arange(12).reshape(3,4)   # 快速创建二维一个数组。
34. print("x:\n", x)
35. print("-"*37)
36. print("x.sum: ", x.sum())
37. print("x.sum(axis=0): \n", x.sum(axis=0, keepdims= True), "\n")
38. print("x.sum(axis=1): \n", x.sum(axis=1, keepdims= True))
39.
```

请读者仔细阅读下面的输出结果：

```
1.
2.  a:
3.  [20 30 40 50]
4.  b:
5.  [0 1 2 3]
6.  ----------------------------------
7.  x1 = a-b:
8.  [20 29 38 47]
9.
10. x2 = a+b:
11. [20 31 42 53]
12.
13. x3 = a*b:
14. [  0  30  80 150]
15.
16. x4 = b**3:
17. [ 0  1  8 27]
18.
19. x5 = b*np.sin(a):
20. [ 0.         -0.98803162  1.49022632 -0.78712456]
21.
```

```
22. x6 = a<32:
23. [ True  True False False]
24.
25. a+=3: -->a
26. [23 33 43 53]
27.
28. b*=3: -->b
29. [0 3 6 9]
30.
31.
32. x:
33. [[ 0  1  2  3]
34. [ 4  5  6  7]
35. [ 8  9 10 11]]
36. -----------------------------------
37. x.sum:  66
38. x.sum(axis=0):
39. [[12 15 18 21]]
40.
41. x.sum(axis=1):
42. [[ 6]
43. [22]
44. [38]]
45.
```

3）索引/切片/迭代访问元素

在NumPy中，可以通过各种索引范围、逆序等进行数组元素的访问，这一点非常类似列表（list）类型的操作，只不过对于NumPy多维数组，获取的还可能是一个子数组。

下面的例子展示了访问元素的各种方法，虽然是以一维数组作演示，但是对于多维数组，每一维度的使用方法是一样的，请读者仔细阅读代码中的说明。

```
1.
2. import numpy as np
3.
4. a = np.arange(10)**3
5. print("a:\n", a)
6. print("-"*37)
```

```
7.
8.  #1 访问单一元素
9.  x1 = a[2]
10. print("x1=a[2]=", x1, "\n")
11.
12. #2 访问一个范围的元素，注意不包括索引为后面数值的元素，即数学上为一个左闭右开
[2,5)区间。
13. x2 = a[2:5]
14. print("x2=a[2:5]=", x2, "\n")
15.
16. #3 访问，并同时设置特定元素的值，直接修改原数组
17. # 在开始索引(1)到结束索引(8)前这段范围内，每经过步长(3)个元素，设置下一个元素为新值(-99).
18. # 注意：不包括结束索引(8)的元素，又是一个左闭右开的区间[1,8)！。
19. a[1:8:3] = -99
20. print("a:\n", a)
21. #4 使用上面的方法返回一个逆序排列的数组
22. # 注意：默认开始索引为0，结束索引为数值长度。
23. # 如果步长为-1，表示逆序输出
24. x3 = a[ : :-1]
25. print("x3=a[::-1]\n", x3, "\n")
26.
27. #5 迭代访问数组元组
28. for x in a:
29.     print(x, end=", ")
30.
```

请读者对照例子中的注释内容，仔细阅读下面的输出结果：

```
1.
2.  a:
3.  [  0   1   8  27  64 125 216 343 512 729]
4.  -----------------------------------
5.  x1=a[2]= 8
6.
7.  x2=a[2:5]= [ 8 27 64]
8.
9.  a:
```

```
10.  [  0 -99   8  27 -99 125 216 -99 512 729]
11. x3=a[::-1]
12.  [729 512 -99 216 125 -99  27   8 -99   0]
13.
14. 0, -99, 8, 27, -99, 125, 216, -99, 512, 729,
15.
```

4）统一操作函数（ufunc）

NumPy数组的操作函数种类繁多，功能非常丰富，包括数组创建、转换、操纵、排序等等。由于数量太多，我们仅通过列表进行简单说明，不再一一详细展开。见表8-1

表8-1　NumPy统一操作函数列表

函数名称	说明
创建数组	
arange([start,]stop, [step,]dtype=None)	返回一个在给定区间内均匀间隔的数组。注意，这是一个左闭右开的区间[start, stop)，即包括start，但不包括stop值
array(object, dtype=None, copy=True, order='K', subok=False, ndmin=0)	按照序列对象object创建数组。object可以Python列表list、元组tuple、另外一个NumPy数组等
copy(a, order='K')	返回数组a的一个副本
empty(shape, dtype=float, order='C')	返回一个参数shape指定的空数组
empty_like(prototype, dtype=None, order='K', subok=True)	返回一个没有初始化的空数组，其shape的dtype与参数prototype一样
eye(N, M=None, k=0, dtype=<class 'float'>, order='C')	返回一个N行、M列（默认等于N）的二维数组。其主对角线元素为1，其他元素为0
fromfile(file, dtype=float, count=-1, sep='')	从一个数据文件中创建数组（文本或二级制文件均可）
fromfunction(function, shape, **kwargs)	从一个函数返回值中创建形为shape的数组
identity(n, dtype=None)	创建一个标志方阵的数组，对角线元素为1
linspace(start, stop, num=50, endpoint=True, retstep=False, dtype=None)	从start到stop的区间内，形成均匀线性间隔的数列，并以此数列创建一维数组
logspace(start, stop, num=50, endpoint=True, base=10.0, dtype=None)	从start到stop的区间内，形成均匀对数间隔的数列，并以此数列创建一维数组
mgrid	创建一个多维网格数组的便捷方式。是lib.index_tricks.nd_grid()的一个实例
ogrid	创建一个开放的多维网格数组的便捷方式。是lib.index_tricks.nd_grid()的一个实例
ones(shape, dtype=None, order='C')	返回一个参数shape指定的形的数组，以1初始化所有元素

续表

函数名称	说明
创建数组	
ones_like(a, dtype=None, order='K', subok=True)	返回一个形shape与a对象一样的数组，以1初始化素有元素
r_	连接两个或多个序列，形成一个新的数组
zeros(shape, dtype=float, order='C')	返回一个参数shape指定的形的数组，以0初始化所有元素
zeros_like(a, dtype=None, order='K', subok=True)	返回一个形shape与a对象一样的数组，以0初始化素有元素
类型转换	
ndarray.astype(dtype, order='K', casting='unsafe', subok=True, copy=True)	返回一个新的数组，其元素强制转换为指定的类型dtype
atleast_1d(*arys)	把输入转换为至少为一维的数组
atleast_2d(*arys)	把输入转换为至少为二维的数组
atleast_3d(*arys)	把输入转换为至少为三维的数组
mat(data, dtype=None)	把输入data转换为矩阵
数组操纵	
array_split(ary, indices_or_sections, axis=0)	把一个数组分裂成几个子数组
column_stack(tup)	把一维数组作为列，堆叠创建一个新的二维数组
concatenate((a1, a2, ...), axis=0, out=None)	沿着轴axis，连接多个数组，形成一个新的数组
diagonal(a, offset=0, axis1=0, axis2=1)	返回指定对角线组成的数组
dsplit(ary, indices_or_sections)	沿着轴把数组拆分成多个子数组
dstack(tup)	按顺序深度（第三轴）堆叠数组，形成一个新数组
hsplit(ary, indices_or_sections)	将数组水平拆分为多个子数组（按列）
hstack(tup)	水平堆叠数组（列方式），创建新数组
item(*args)	将数组元素复制到标准Python标量并返回它
newaxis	None的别名
ravel(a, order='C')	返回一个更扁平的数组，就是降维一次
repeat(a, repeats, axis=None)	参数a重复repeats次，并以此返回一个数组
reshape(a, newshape, order='C')	在不改变数组a数据的情况下，更新数组的形shape
resize(a, new_shape)	返回具有指定形状的新数组
squeeze(a, axis=None)	从数组的形状中删除一维条目
swapaxes(a, axis1, axis2)	交换数组的两个轴的元素

续表

函数名称	说明
数组操纵	
take(a, indices, axis=None, out=None, mode='raise')	沿着轴axis获取下标为indices的元素
transpose(a, axes=None)	数组转置
vsplit(ary, indices_or_sections)	将数组垂直拆分为多个子数组（按行）
vstack(tup)	垂直堆叠数组（行方式），创建新数组
查询	
all(a, axis=None, out=None, keepdims=<no value>)	判断沿给定轴的所有数组元素是否都为True
any(a, axis=None, out=None, keepdims=<no value>)	判断沿给定轴的任意一个数组元素是否为True
nonzero(a)	返回非零元素的索引
where(condition[, x, y])	从x或y中，返回符合条件的元素
排序	
argmax(a, axis=None, out=None)	返回沿给定轴的最大值的索引
argmin(a, axis=None, out=None)	返回沿给定轴的最小值的索引
argsort(a, axis=-1, kind='quicksort', order=None)	返回排序的索引
max(iterable, *[, key, default])	返回最大值
min(iterable, *[, key, default])	返回最小值
ptp(a, axis=None, out=None, keepdims=<no value>)	返回沿某轴的值范围（最大值-最小值）
searchsorted(a, v, side='left', sorter=None)	返回按照排序条件，查找值v应插入数组a中的索引
sort(a, axis=-1, kind='quicksort', order=None)	返回排序后的数组
基本操作	
choose(a, choices, out=None, mode='raise')	从索引数组和一组数组构造一个新数组
compress(condition, a, axis=None, out=None)	按照条件，返回以数组a沿某个轴的切片为内容的新数组
cumprod(a, axis=None, dtype=None, out=None)	返回沿给定轴上元素的累积乘积
cumsum(a, axis=None, dtype=None, out=None)	返回沿给定轴上元素的累积和

续表

函数名称	说明
基本操作	
inner(a, b)	返回两个数组的内积（inner product）
fill(value)	使用标量值填充数组
imag(val)	返回复数的虚数部分组成的数组
prod(a, axis=None, dtype=None, out=None, keepdims=<no value>, initial=<no value>)	返回给定轴上的数组元素的乘积
put(a, choices, out=None, mode='raise')	用给定值更新数组的指定元素
putmask(a, mask, values)	以值values更新数组a中满足条件mask的元素
real(val)	返回复数中的实数部分
sum(a, axis=None, dtype=None, out=None, keepdims=<no value>, initial=<no value>)	计算数组a的和。如果给定轴axis，则沿着axis的方向统计和
基本统计	
cov(m, y=None, rowvar=True, bias=False, ddof=None, fweights=None, aweights=None)	给定数据和权重，估计协方差矩阵
mean(a, axis=None, dtype=None, out=None, ddof=0, keepdims=<no value>)	沿着axis指定的轴，计算平均值。如果没有指定axis，则计算完全展平后的数组平均值
std(a, axis=None, dtype=None, out=None, ddof=0, keepdims=<no value>)	沿着axis指定的轴，计算标准偏差。如果没有指定axis，则计算完全展平后的数组标准偏差
var(a, axis=None, dtype=None, out=None, ddof=0, keepdims=<no value>)	沿着axis指定的轴，计算方差。如果没有指定axis，则计算完全展平后的数组方差
基本线性代数	
cross(a, b, axisa=−1, axisb=−1, axisc=−1, axis=None)	返回两个（数组）向量的叉积（向量积）（cross product）
dot(a, b, out=None)	返回两个数组的点积（dot product）
outer(a, b, out=None)	计算两个向量的外积（outer product）
svd (a, full_matrices=True, compute_uv=True)	奇异值分解
vdot(a,b)	返回两个向量的点积（dot product）

完整详细的函数列表请读者参考网址：https://docs.scipy.org/doc/numpy/reference/routines.html#routines

8.1.3 NumPy矩阵

NumPy还提供了矩阵运算功能，并通过下面的函数创建矩阵：

```
matrix(data, dtype=None, copy=True)
```

其中data为一个NumPy数组或字符串（str）对象，如果data是字符串，则将其解释为用逗号或空格分隔列、用分号分隔行的矩阵；dtype为输出矩阵的数据类型；如果data是ndarray，则用参数copy指定是复制数据（默认值）还是构造视图。例如：

```
1.
2. >>> a = np.matrix('1 2; 3 4')
3. >>> type(a)
4. <class 'numpy.matrixlib.defmatrix.matrix'>
5. >>> print(a)
6. [[1 2]
7.  [3 4]]
8.
```

矩阵类是一种特殊的二维数组，它有一些特殊的运算符，如*（矩阵乘法）和**（矩阵幂）等。NumPy从版本1.15.0开始不再建议使用矩阵类，而是使用数组，因此矩阵类将来有可能被剔除。

8.2 SciPy

SciPy是Scientific Python的缩写。从广义上讲，SciPy是一个包含了NumPy、SciPy library、Matplotlib、Pandas、Sympy、IPython六大模块功能的计算生态系统，如图8-3所示；狭义上讲，SciPy特指建立在Numpy库之上的SciPy库（SciPy library），它提供了大量科学算法。SciPy的官方网址：http://www.scipy.org/。

NumPy
Base N-dimensional
array package

SciPy library
Fundamental library for
scientific computing

Matplotlib
Comprehensive 2D
Plotting

IP[y]:
IPython
IPython
Enhanced Interactive
Console

Sympy
Symbolic mathematics

pandas
Data structures &
analysis

图8-3 SciPy计算生态系统

安装SciPy的最便捷方式是使用pip工具，命令如下：

```
1.  pip install scipy
2.  或
3.  pip install -U scipy  # 直接安装最新的版本
```

8.2.1 基础知识

SciPy库是基于NumPy模块构建的数学算法和函数的集合，可用于开发复杂的数学应用。SciPy继承于NumPy，所以对于NumPy的通用函数，SciPy可直接使用。

SciPy包含的子包非常丰富，为开发者提供了便利的接口，具体见表8-2。

表8-2　SciPy子包列表

子包名称	说明
cluster	聚类算法实现（Clustering algorithms）
constants	物理和数学上的常数（Physical and mathematical constants）
fftpack	快速傅里叶变换实现（Fast Fourier Transform routines）
integrate	积分和常微分方程求解器（Integration and ordinary differential equation solvers）
interpolate	插值和平滑样条（Interpolation and smoothing splines）
io	输入和输出实现（Input and Output）
linalg	线性代数（Linear algebra）
ndimage	N维图像处理实现（N-dimensional image processing）
odr	正交距离回归（Orthogonal distance regression）
optimize	优化与根搜索实现（Optimization and root-finding routines）
signal	信号处理（Signal processing）
sparse	稀疏矩阵及其相关处理（Sparse matrices and associated routines）
spatial	空间数据结构和算法（Spatial data structures and algorithms）
special	特殊函数的实现（Special functions）
stats	统计分布及相关功能（Statistical distributions and functions）

上面的各个子包基本独立，所以在程序中需要独立导入。导入SciPy子包的标准语法格式是使用from scipy import语句：

```
1.  from scipy import linalg, optimize
2.  或添加as子句
3.  from scipy import linalg as lg, optimize as opt
```

以上代码导入了linalg、optimize两个子包。

8.2.2　SciPy的使用

由于SciPy的子包众多，每个子包下的模块功能更是丰富多彩，限于篇幅，本书只通过实例讲解SciPy的基本使用方法，读者可以举一反三，据此灵活运用其他功能。更深入的内容我们将在另外的书籍中详细阐述。

8.2.2.1　随机变量及假设检验

SciPy的stats子包提供了强大的数理统计功能，可对八十多种连续随机变量和十几种离散随机变量的分布函数进行计算。引入stats子包的语句格式如下：

```
1.  from scipy import stats
2.  #如果要引入某个具体模块，如标准正态分布norm
3.  from scipy.stats import norm
```

对于连续随机变量，主要公共方法有：

- rvs()，随机变量函数；
- pdf()，概率密度函数；
- cdf()，累积分布函数；
- sf()，生存函数（1-cdf）；
- ppf()，百分点函数（cdf的反转）；
- isf()，逆生存函数（df的逆）；
- stats()，计算均值、方差、Fisher偏度或Fisher峰度的函数；
- moment()，计算分布的非中心矩函数。

下面我们创建一个t分布的样本数列，样本数为99。然后计算最小值、最大值、方差等基本统计数据；最后调用函数，获取其他各种数据。代码如下：

```
1.
2.  import numpy as np
3.  from scipy import stats
4.  from scipy.stats import t
5.
6.
7.  # 设置随机数种子
8.  np.random.seed(123456)
9.
10. # 创建一个t分布，自由度为10，样本数99，返回的是NumPy数组
11. x = t.rvs(10, size=99, scale=1)
12. print(x)
13. print("-"*37)
```

```
14.
15. # 计算出最小值、最大值、平均值和方差
16. print("min :", x.min())    # == np.min(x)
17. print("max :", x.max())    # == np.max(x)
18. print("mean:", x.mean())   # == np.mean(x)
19. print("var :", x.var())    # == np.var(x)
20.
21. # 计算标准t分布及样本的各种分布参数
22.   moments中,
      'm' = mean, 'v' = variance, 's' = Fisher's skew, 'k' = Fisher's kurtosis.
23. m, v, s, k = t.stats(10, moments='mvsk')
24. n, (smin, smax), sm, sv, ss, sk = stats.describe(x)
25. # 输出个参数
26. sstr = '%-8s mean = %6.4f, variance = %6.4f, skew = %6.4f, kurtosis = %6.4f'
27. print(sstr % ('标准t分布参数:', m, v, s ,k))
28. print(sstr % ('样本对应的参数:', sm, sv, ss, sk))
29. print()
30. print("-"*37)
31.
32.
33. # 进行假设检验,这里是单样本t检验。判断x样本所来自的总体的均值是否与某个值有显著的差异
34. # 下面sm 就是样本的平均值,所以样本所来自的总体的均值与m应该是没有显著差异的
35. # 设置显著性水平alpha为0.05
36. testAlpha = 0.05
37. t1, p1 = stats.ttest_1samp(x, sm)   # 假设检验的计算
38. print('t-statistic = %6.3f pvalue = %6.4f' % (t1, p1) )
39. if(p1>testAlpha):
40.     print("假设成立,样本所来自的总体的均值可以认为是",sm)
41. else:
42.     print("假设不成立,样本所来自的总体的均值不可以认为是", sm)
43. print("-"*37)
44.
45. # 任取一个值测试
46. jz = 1.0
47. t2, p2 = stats.ttest_1samp(x, jz)
```

```
48. print('t-statistic = %6.3f pvalue = %6.4f' % (t2, p2) )
49. if(p2>testAlpha):
50.     print("假设成立，样本所来自的总体的均值可以认为是", jz)
51. else:
52.     print("假设不成立，样本所来自的总体的均值不可以认为是", jz)
53. print("-"*37)
54.
```

运行此段代码，输出结果如下：

```
1.
2.  [ 0.51919552 -1.05738533  0.16060051 -1.14307882 -0.40721314  0.36719053
3.   -0.38788455  1.08742669 -1.36156504 -0.41817962 -0.51542176 -0.48314067
4.      ...         ...         ...         ...         ...         ...
5.    1.83120137 -0.54242176  1.55432365 -0.12644997 -1.01492233  0.73333687
6.    0.45969086 -0.6628467   0.64876129]
7.  -----------------------------------
8.  min : -2.410491113357856
9.  max : 3.4068262784555867
10. mean: 0.22357387563063005
11. var : 1.1763256504788735
12. 标准t分布参数: mean = 0.0000, variance = 1.2500, skew = 0.0000, kurtosis = 1.0000
13. 样本对应的参数: mean = 0.2236, variance = 1.1883, skew = 0.2331, kurtosis = -0.0191
14.
15. -----------------------------------
16. t-statistic =   0.000 pvalue = 1.0000
17. 假设成立，样本所来自的总体的均值可以认为是 0.22357387563063005
18. -----------------------------------
19. t-statistic = -7.087 pvalue = 0.0000
20. 假设不成立，样本所来自的总体的均值不可以认为是 1.0
21. -----------------------------------
22.
```

有一定统计数学基础的读者可能会发现，在输出结果中，第11行的方差var结果与第13行的方差variance结果不同，同样一个样本数列，同样的分布，却出现偏差，这主要是由于SciPy的stats.describe()方法在计算方差时用的是无偏估计，而NumPy中的np.var()用的是有偏估计。

8.2.2.2 线性回归

SciPy 的 optimize 子包可实现线性回归计算。下面通过 optimize 子包中 leastsq 函数实现线性回归（拟合）和二次曲线回归（多项式拟合），最后绘出拟合曲线图，展现计算结果。

```
1.
2.  from scipy.optimize import leastsq
3.  import numpy as np
4.  import matplotlib.pyplot as plt
5.
6.
7.  # 试验数据
8.  tx = np.array([1.0, 2.5, 3.5, 4.0, 1.1, 1.8, 2.2, 3.7])
9.  ty = np.array([6.008, 15.722, 27.130, 33.772, 5.257, 9.549, 11.098, 28.828])
10.
11. #1
12. #-------------------------------------------------
13. # 线性回归
14. #-------------------------------------------------
15. # 线性回归 y = a*x + b, tpl包含拟合参数
16. def funcLine(tpl, xs):
17.     x = xs
18.     val = tpl[0]*x + tpl[1]
19.     return val
20.
21. # 误差函数ErrorFunc：与y实际值之间的差
22. def ErrorLine(tpl, x):
23.     val = funcLine(tpl, x) - ty
24.     return val
25.
26. #
27. tpl01 = [1.0, 2.0]
28. tpl01, success = leastsq(ErrorLine, tpl01, tx)
29. print("线性拟合参数:", tpl01)
30. xx1 = np.linspace(tx.min(), tx.max(), 50)
31. yy1 = funcLine(tpl01, xx1)
32.
```

```
33.
34. #2
35. #------------------------------------------------
36. # 多项式回归
37. #------------------------------------------------
38. # 线性回归 y = a*x**2 + b*x + b, tpl包含拟合参数
39. def funcQuad(tpl, xs):
40.     x = xs
41.     val = tpl[0]*x**2 + tpl[1]*x + tpl[2]
42.     return val
43.
44. # 误差函数ErrorFunc：与y实际值之间的差
45. def ErrorQuad(tpl, x):
46.     val = funcQuad(tpl, x) - ty
47.     return val
48.
49. #
50. tpl02 = [1.0, 2.0, 3.0]
51. tpl02, success = leastsq(ErrorQuad, tpl02, tx)
52. print("二次曲线拟合:", tpl02)
53. xx2=xx1
54. #xx2 = np.linspace(tx.min(), tx.max(), 50)
55. yy2 = funcQuad(tpl02, xx1)
56.
57. # 绘制图形
58. plt.plot(xx1,yy1,'r-',tx,ty,'bo',xx2,yy2,'g-')
59. plt.show()
60.
```

运行此段代码，输出结果如下。绘图结果见图8-4。

```
1.
2. 线性拟合参数: [ 9.43854354 -6.18989527]
3. 二次曲线拟合: [ 2.10811829 -1.06889652  4.40567418]
4.
```

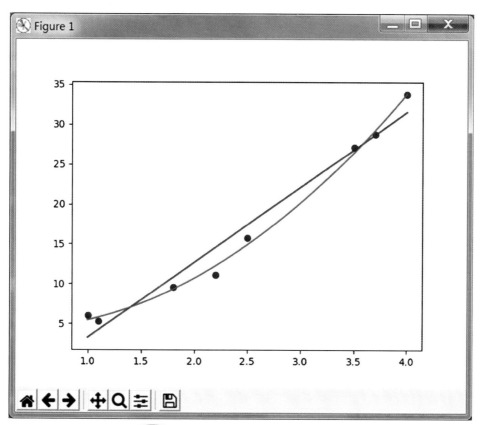

图8-4 线性回归和二次曲线回归运行结果图

8.3 Pandas

Pandas（Pannel data analysis）即面板数据分析，也是基于numpy而构建，它是为了完成数据分析任务而连接NumPy和SciPy的一种工具，Pandas提供了两个主要的数据结构：Series和DataFrame，分别对应于一维序列（数组）和二维数据库表结构。Pandas的官方网址为：http://pandas.pydata.org/

安装Pandas的最好的方式是使用pip工具，命令如下：

```
1. pip install pandas
2. 或
3. pip install -U pandas    # 直接安装最新的版本
```

在使用Pandas之前首先要将其导入，导入方法如下：

```
1. from pandas import Series, DataFrame
2. import pandas as pd
```

8.3.1 基础知识

Pandas提供了读取各种文件的接口及丰富的操作函数。表8-3列出了Pandas顶层命名空间包含的函数。详细知识读者可到Pandas的网站查阅或查看其他书籍。

表8-3 Pandas顶层命名空间包含的函数列表

功能类别	函数（方法）
输入/输出（Input/Output）	
序列化(Pickling)	read_pickle()
平面文件(Flat File)	read_table()、read_csv()、read_fwf()、read_msgpack()
剪贴板(Clipboard)	read_clipboard()
Excel文件	read_excel()、ExcelFile.parse()
JSON文件	read_json()、json_normalize()、build_table_schema()
HTML文件	read_html()
层次数据格式HDFStore: PyTables (HDF5)	read_hdf()、HDFStore.put()、HDFStore.append()、HDFStore.get()、HDFStore.select()、HDFStore.info()、HDFStore.keys()
Feather格式文件	read_feather()
Parquet	read_parquet()
SAS	read_sas()
SQL	read_sql_table()、read_sql_query()、read_sql()
Google BigQuery	read_gbq()
STATA	read_stata()、StataReader.data()、StataReader.data_label()、StataReader.value_labels()、StataReader.variable_labels()、StataWriter.write_file()
通用功能（General functions）	
数据操纵 (Data manipulations)	melt()、pivot()、pivot_table()、crosstab()、cut()、qcut()、merge()、merge_ordered()、merge_asof()、concat()、get_dummies()、factorize()、unique()、wide_to_long()
缺失值探测 (missing data)	isna()、isnull()、notna()、notnull()
类型转换 (conversions)	to_numeric()
时间日期处理 (datetimelike)	to_datetime()、to_timedelta()、date_range()、bdate_range()、period_range()、timedelta_range()、infer_freq()
间隔处理 (intervals)	interval_range()
表达式计算 (evaluation)	eval()
测试 (Testing)	test()

8.3.2 Series数据序列

Pandas 中的 Series 数据序列是一个类，Series 对象实际上是一个一维的 NumPy 数组，很多操作和 NumPy 数组类似，例如元素访问、切片等操作基本是一致的。Series 对象支持基于整数和基于标签（字符串）的索引，并提供了索引操作方法。创建一个 Series 对象的方法是调用其构造函数，其语法格式如下：

```
Series(data=None, index=None, dtype=None, name=None, copy=False, fastpath=False)
```

其中各参数意义如下。

参数 data：读写的数据，包含 Series 对象，可以是 NumPy 数组或类数组对象、字典 dict 对象或者一系列标量值。

参数 index：一维类数组对象或一维索引对象。索引对象必须和 data 具有相同的长度，默认为 RangeIndex(0,1,2,...,n)。如果 data 是一个字典 dict 对象，并且同时提供了 index，则 index 会覆盖字典 dict 的键值。

参数 dtype：可为 numpy.dtype 或者 None。若为 None，则自动推断出 data 的类型。

参数 name：给创建的对象命名。

参数 copy：是否复制输入数据，为 boolean 类型，默认为 False。

参数 fastpath：是一个内部使用的参数，开发者可忽略。

如果任何参数都没有提供，则创建一个长度为 0 的空序列。

Series 对象的主要属性是 data 和 index。如果传给构造函数的是一个列表，那么 index 的值是从 0 起递增的整数；如果传入的是一个字典，就会生成 index-value 对应的 Series。可以在初始化的时候以关键字参数显式指定一个 index 对象。

下面代码创建一个 Series 对象：

```
1.
2. import numpy as np
3. from pandas import Series, DataFrame
4. import pandas as pd
5.
6. # 创建一个空的对象
7. s = pd.Series()
8.
9. # 从一个列表list中创建对象。不提供索引参数，索引从0开始...
10. dataList = [1, 11, 111, 1111, 11111]
11. s = pd.Series(dataList)
12. print(s)
13.
14. # 提供索引
15. scores = Series(data=[81., 77., 99.], index = ['Math','English','Chinese'])
```

```
16. print(scores)
17.
18. # 从字典dict对象创建Series对象
19. dataDict = {'Math' : 81., 'English' : 77., 'Chinese' : 99.}
20. scores = pd.Series(dataDict)
21. print(scores)
22.
23. # 从一个标量值创建对象
24. # 创建一个元素的对象
25. s = pd.Series(5)
26. print(s)
27.
28. # 创建元素个数与index长度相等的对象，元素值均初始化为标量值。这里是5
29. s = pd.Series(5, index=[1,2,3,4,5])
30. print(s)
31.
```

由于结果比较简单，因此这里不再展示输出结果。在举例介绍Series的应用之前，先介绍两个函数。第一个是Pandas下的date_range()函数，其语法格式是：

```
date_range(start=None, end=None, periods=None, freq=None, tz=None,
        normalize=False, name=None, closed=None)
```

这个函数的作用是在start和end时间范围内，以freq为固定频率，产生periods个日期时间索引。

另一个是NumPy的randint()函数，其语法格式为：

```
randint(low, high=None, size=None, dtype='l')
```

这个函数作用是在区间[low,high)范围内，返回具有size个元素的NumPy整数数组。

下面例子为利用Series创建一个时间序列，统计水果销售情况。代码如下：

```
1.
2. import numpy as np
3. from pandas import Series, DataFrame
4. import pandas as pd
5.
6.
7. # 创建一个时间序列：某段时间，某水果店每天苹果的销量（公斤）。
8. # 首先创建一个时间索引    freq='D' 表示按天
```

```
9.  dateIndex = pd.date_range(start='6/1/2018', periods=20, freq='D')
10. # 然后生成对应的数据
11. dataSale = np.random.randint(12, 19, 20)
12. # 创建时间序列数据
13. tsSale = pd.Series(dataSale, index=dateIndex)
14. print(tsSale)
15. print("-"*37)
16.
17. # 计算每天售卖数量的频率
18. valCount = tsSale.value_counts(ascending=True)
19. print(valCount)
20. print("-"*37)
21.
22. # 显示序列数据的统计特征
23. stat = tsSale.describe()
24. print(stat)
25.
```

运行此段代码，输出结果如下：

```
1.
2.  2018-06-01    17
3.  2018-06-02    13
4.     ...        ..
5.     ...        ..
6.  2018-06-19    15
7.  2018-06-20    13
8.  Freq: D, dtype: int32
9.  -----------------------------------
10. 17    1
11. 15    2
12. 18    2
13. 12    3
14. 16    3
15. 14    4
16. 13    5
17. dtype: int64
```

```
18. -----------------------------------
19. count    20.000000
20. mean     14.400000
21. std       1.902906
22. min      12.000000
23. 25%      13.000000
24. 50%      14.000000
25. 75%      16.000000
26. max      18.000000
27. dtype: float64
28.
```

表8-4列出了类Series的属性和函数。

表8-4　类Series的属性和函数

属性
index、values、dtype、ftype、shape、nbytes、ndim、size、strides、itemsize、base、T、memory_usage()、hasnans、flags、empty、dtypes、ftypes、data、is_copy、name、put()

功能类别	函数（方法）
转换(Conversion)	astype()、infer_objects()、convert_objects()、copy()、bool()、to_period()、to_timestamp()、tolist()、get_values()
索引和迭代 (Indexing, iteration)	get()、at、iat、loc、iloc、__iter__()、iteritems()、items()、keys()、pop()、item()、xs()
二元操作符函数 (Binary operator functions)	add()、sub()、mul()、div()、truediv()、floordiv()、mod()、pow()、radd()、rsub()、rmul()、rdiv()、rtruediv()、rfloordiv()、rmod()、rpow()、combine()、combine_first()、round()、lt()、gt()、le()、ge()、ne()、eq()、product()、dot()
分组和窗口(GroupBy & Window)	apply()、agg()、aggregate()、transform()、map()、groupby()、rolling()、expanding()、ewm()
各种计算及描述性统计(Computations / Descriptive Stats)	abs()、all()、any()、autocorr()、between()、clip()、clip_lower()、clip_upper()、corr()、count()、cov()、cummax()、cummin()、cumprod()、cumsum()、describe()、diff()、factorize()、kurt()、mad()、max()、mean()、median()、min()、mode()、nlargest()、nsmallest()、pct_change()、prod()、quantile()、rank()、sem()、skew()、std()、sum()、var()、kurtosis()、unique()、nunique()、is_unique、is_monotonic、is_monotonic_increasing、is_monotonic_decreasing、value_counts()、compound()、nonzero()、ptp()
索引重置/选择/标签操作(Reindexing / Selection / Label manipulation)	align()、drop()、drop_duplicates()、duplicated()、equals()、first()、head()、idxmax()、idxmin()、isin()、last()、reindex()、reindex_like()、rename()、rename_axis()、reset_index()、sample()、select()、set_axis()、take()、tail()、truncate()、where()、mask()、add_prefix()、add_suffix()、filter()

续表

属性		
index、values、dtype、ftype、shape、nbytes、ndim、size、strides、itemsize、base、T、memory_usage()、hasnans、flags、empty、dtypes、ftypes、data、is_copy、name、put()		

功能类别	函数（方法）	
缺失值处理(Missing data handling)	isna()、notna()、dropna()、fillna()、interpolate()	
形状重置和排序(Reshaping, sorting)	argsort()、argmin()、argmax()、reorder_levels()、sort_values()、sort_index()、swaplevel()、unstack()、searchsorted()、ravel()、repeat()、squeeze()、view()、sortlevel()	
整合(Combining / joining / merging)	append()、replace()、update()	
时间序列相关(Time series-related)	asfreq()、asof()、shift()、first_valid_index()、last_valid_index()、resample()、tz_convert()、tz_localize()、at_time()、between_time()、tshift()、slice_shift()	

Datetime相关		
Datetime属性(Properties)	dt.date、dt.time、dt.year、dt.month、dt.day、dt.hour、dt.minute、dt.second、dt.microsecond、dt.nanosecond、dt.week、dt.weekofyear、dt.dayofweek、dt.weekday、dt.dayofyear、dt.quarter、dt.is_month_start、dt.is_month_end、dt.is_quarter_start、dt.is_quarter_end、dt.is_year_start、dt.is_year_end、dt.is_leap_year、dt.daysinmonth、dt.days_in_month、dt.tz、dt.freq	
Datetime方法(Methods）	dt.to_period()、dt.to_pydatetime()、dt.tz_localize()、dt.tz_convert()、dt.normalize()、dt.strftime()、dt.round()、dt.floor()、dt.ceil()、dt.month_name()、dt.day_name()	
Timedelta属性(Properties)	dt.days、dt.seconds、dt.microseconds、dt.nanoseconds、dt.components、	
Timedelta方法(Methods）	dt.to_pytimedelta()、dt.total_seconds()	
字符串处理(String handling)	str.capitalize()、str.cat()、str.center()、str.contains()、str.count()、str.decode()、str.encode()、str.endswith()、str.extract()、str.extractall()、str.find()、str.findall()、str.get()、str.index()、str.join()、str.len()、str.ljust()、str.lower()、str.lstrip()、str.match()、str.normalize()、str.pad()、str.partition()、str.repeat()、str.replace()、str.rfind()、str.rindex()、str.rjust()、str.rpartition()、str.rstrip()、str.slice()、str.slice_replace()、str.split()、str.rsplit()、str.startswith()、str.strip()、str.swapcase()、str.title()、str.translate()、str.upper()、str.wrap()、str.zfill()、str.isalnum()、str.isalpha()、str.isdigit()、str.isspace()、str.islower()、str.isupper()、str.istitle()、str.isnumeric()、str.isdecimal()、str.get_dummies()	
Categorical相关	cat.categories、cat.ordered、cat.codes、cat.rename_categories()、cat.reorder_categories()、cat.add_categories()、cat.remove_categories()、cat.remove_unused_categories()、cat.set_categories()、cat.as_ordered()、cat.as_unordered()	
绘图相关(Plotting)	plot()、plot.area()、plot.bar()、plot.barh()、plot.box()、plot.density()、plot.hist()、plot.kde()、plot.line()、plot.pie()、hist()	
序列化/IO/转换(Serialization / IO / Conversion)	to_pickle()、to_csv()、to_dict()、to_excel()、to_frame()、to_xarray()、to_hdf()、to_sql()、to_msgpack()、to_json()、to_sparse()、to_dense()、to_string()、to_clipboard()、to_latex()	
稀疏矩阵相关(Sparse)	SparseSeries.to_coo()、SparseSeries.from_coo()	

8.3.3 DataFrame数据框

Pandas中的DataFrame称为数据框或数据帧，是一个类，DataFrame对象与数据库表非常类似。创建一个DataFrame对象的方法是调用其构造函数：

```
DataFrame(data=None, index=None, columns=None, dtype=None, copy=False)
```

这个构造函数创建一个大小可变的二维表格，行和列都可以有标签，也可以沿着行和列方向进行各种计算。

参数data：包含了DataFrame对象的数据，可以是NumPy结构化数组、字典对象或其他数据框对象。

参数index：给每行分配一个索引，默认为RangeIndex(0,1,2,…,n)。

参数columns：给每列分配一个索引，默认为RangeIndex(0,1,2,…,n)。

参数dtype：为numpy.dtype或者None。如果为None，则自动推断出data的类型。

参数copy：指明是否复制输入数据，boolean类型，默认为False。

如果任何参数都没有提供，则创建一个长度为0的空数据框。

实例如下：

```python
1.
2.  import pandas as pd
3.
4.  # 创建一个空的对象
5.  df = pd.DataFrame()
6.  #print(df)  # Empty DataFrame
7.
8.  # 从列表list中创建对象，提供了列名索引；行索引从0开始...
9.  colNames = ["信用等级", "年龄", "收入等级", "拥有信用卡数量", "教育程度", "车贷数量"]
10. dataList = [["Bad", 40, "Medium", "5 or more", "High school", "More than 2"],
11.             ["Good", 43, "High", "Less than 5", "College", "None or 1"]]
12. dfCust = pd.DataFrame(dataList, columns=colNames)
13. print(dfCust)
14. print("-"*37)
15.
16. # 从字典中创建对象。学生最近考试成绩
17. dataList = {"姓名":["张三", "李四", "王二", "赵五"],
18.             "数学":[99, 88, 77, 66],
19.             "语文":[91, 81, 71, 61],
20.             "英语":[68, 78, 88, 98]
21.             }
```

```
22. dfScores = pd.DataFrame(dataList)
23. print(dfScores)
24. print("-"*37)
25.
```

输出结果如下：

```
1.
2.       信用等级   年龄    收入等级     拥有信用卡数量        教育程度        车贷数量
3.  0    Bad   40   Medium      5 or more  High school  More than 2
4.  1    Good  43    High   Less than 5       College     None or 1
5.  -------------------------------------
6.      姓名    数学   语文   英语
7.  0   张三   99   91   68
8.  1   李四   88   81   78
9.  2   王二   77   71   88
10. 3   赵五   66   61   98
11. -------------------------------------
12.
```

DataFrame提供了增加、删除、修改、查询等功能，对数据框变量中元素的访问可使用行索引、列索引、索引范围，但索引的使用与列表list等不同，后面将结合实例说明。

数据框DataFrame对象可看作是由不同的列（字段）组成的数据库表（table），不同字段的类型可以不同。对数据库表可以使用SQL语言进行查询。下面通过实例展示数据框的增删查改功能，为了便于大家理解，例子中把输出结果直接放在了输出语句后面（以注释方式显示）。

```
1.
2.  import pandas as pd
3.
4.
5.  # 从字典中创建对象：学生最近一次考试成绩（依次为 姓名、数学、语文、英语）
6.  # 行索引自动从0开始增加1
7.  dataList = {"Name":["张三", "李四", "王二", "赵五"],
8.              "Math":[99, 88, 77, 66],
9.              "Chinese":[91, 81, 71, 61],
10.             "English":[68, 78, 88, 98]
11.             }
```

```
12. dfScores = pd.DataFrame(dataList)
13. print(dfScores)
14. print("--01", "-"*37)
15. '''
16.    Name  Math  Chinese  English
17. 0  张三    99      91       68
18. 1  李四    88      81       78
19. 2  王二    77      71       88
20. 3  赵五    66      61       98
21. --01 ------------------------------------
22. '''
23.
24.
25. ####### 1.1 数据查询 --根据行、列索引
26. ###################################
27. # 查询起始和尾部的数据 -- 行数据（记录）
28. df = dfScores.head(n=3)    # 查询数据框开始的n条数据（记录）
29. print(df)
30. print("--02", "-"*37)
31. '''
32.    Name  Math  Chinese  English
33. 0  张三    99      91       68
34. 1  李四    88      81       78
35. 2  王二    77      71       88
36. --02 ------------------------------------
37. '''
38.
39.
40. df = dfScores.tail(n=5)    # 查询数据框尾部的n条数据（记录）
41. print(df)
42. print("--03", "-"*37)
43. '''
44.    Name  Math  Chinese  English
45. 0  张三    99      91       68
46. 1  李四    88      81       78
```

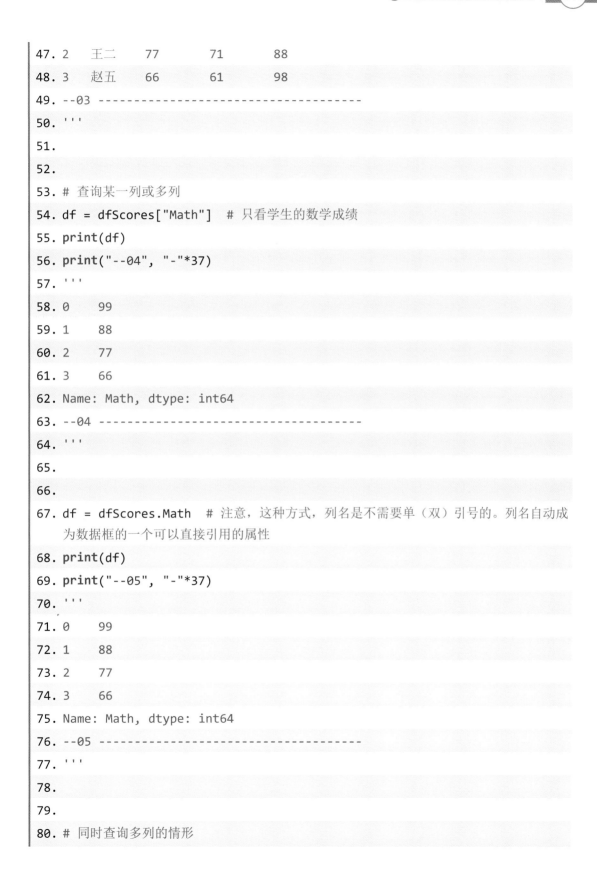

```
47. 2     王二        77          71          88
48. 3     赵五        66          61          98
49. --03 -----------------------------------
50. '''
51.
52.
53. # 查询某一列或多列
54. df = dfScores["Math"]   # 只看学生的数学成绩
55. print(df)
56. print("--04", "-"*37)
57. '''
58. 0      99
59. 1      88
60. 2      77
61. 3      66
62. Name: Math, dtype: int64
63. --04 -----------------------------------
64. '''
65.
66.
67. df = dfScores.Math   # 注意，这种方式，列名是不需要单（双）引号的。列名自动成
    为数据框的一个可以直接引用的属性
68. print(df)
69. print("--05", "-"*37)
70. '''
71. 0      99
72. 1      88
73. 2      77
74. 3      66
75. Name: Math, dtype: int64
76. --05 -----------------------------------
77. '''
78.
79.
80. # 同时查询多列的情形
```

```
81. df = dfScores[["Name","Math"]]    # 注意列名是大小写敏感的！
82. print(df)
83. print("--06", "-"*37)
84. '''
85.    Name   Math
86. 0   张三    99
87. 1   李四    88
88. 2   王二    77
89. 3   赵五    66
90. --06 ------------------------------------
91. '''
92.
93.
94. # 下面同样使用[]查询行数据，但是注意这种方式和查询列方式的区别。
95. # 这种方法查询行数据，需要使用[n1:n2]这种方式， 其中n1,n2实际上是行索引。
96. # 本例中的行索引是0开始正整数。
97. df = dfScores[1:2]  # 注意查询的数据不包括右边索引对应的行，即左闭右开区间[n1,2)。
98. print(df)
99. print("--07", "-"*37)
100.'''
101.   Name   Math   Chinese   English
102.1   李四    88       81        78
103.--07 ------------------------------------
104.'''
105.
106.
107.# 可以使用.loc[]来查询 指定列，指定行 的数据
108.# 查询一行数据，可直接以标量形式表示行索引，也可以以列表形式
109.df = dfScores.loc[1]  # 等价于 dfScores.loc[[1]]
110.print(df)
111.print("--08", "-"*37)
112.'''
113.Name      李四
114.Math      88
115.Chinese   81
```

```
116.English    78
117.Name: 1, dtype: object
118.--08 -----------------------------------
119.'''
120.
121.
122.# 也可以是一个索引范围
123.df = dfScores.loc[1:3]
124.print(df)
125.print("--09", "-"*37)
126.'''
127.  Name  Math  Chinese  English
128.1   李四   88      81       78
129.2   王二   77      71       88
130.3   赵五   66      61       98
131.--09 -----------------------------------
132.'''
133.
134.
135.# 查询多行数据，必须以列表list形式表示
136.df = dfScores.loc[[1,3]]   # 查询出行索引为1、3的数据
137.print(df)
138.print("--10", "-"*37)
139.'''
140.  Name  Math  Chinese  English
141.1   李四   88      81       78
142.3   赵五   66      61       98
143.--10 -----------------------------------
144.'''
145.
146.
147.# 可同时指定行索引和列索引（列名）！
148.df = dfScores.loc[[1,2], ["Math", "Name"]]
149.print(df)
150.print("--11", "-"*37)
```

```
151.'''
152.    Math  Name
153.1     88    李四
154.2     77    王二
155.--11 -----------------------------------
156.'''
157.
158.
159.# 可以查找某个行列交叉点的数据（标量数据），如查第三行对应的英语成绩
160.df = dfScores.loc[3,"English"]
161.print(df)
162.print("--12", "-"*37)
163.'''
164.98
165.--12 -----------------------------------
166.'''
167.
168.
169.####### 1.2 数据查询 --根据数据值查询 --条件查询
170.###################################
171.# 一个条件 - 获取数学成绩大于80的记录
172.df = dfScores[dfScores["Math"]>80]
173.print(df)
174.print("--13", "-"*37)
175.'''
176.  Name  Math  Chinese  English
177.0  张三   99     91      68
178.1  李四   88     81      78
179.--13 -----------------------------------
180.'''
181.
182.
183.# 多个条件 -- 获取数学成绩大于80，且英语成绩大于70的记录。
184.df = dfScores[ (dfScores["Math"]>80) & (dfScores["English"]>70)]
185.print(df)
```

```
186.print("--14", "-"*37)
187.'''
188.   Name   Math   Chinese   English
189.1   李四   88        81        78
190.--14 ------------------------------------
191.'''
192.
193.
194.# 多个条件 -- 获取数学成绩大于80，或者英语成绩大于70的记录。
195.df = dfScores[ (dfScores["Math"]>80) | (dfScores["English"]>70)]
196.print(df)
197.print("--15", "-"*37)
198.'''
199.   Name   Math   Chinese   English
200.0   张三   99        91        68
201.1   李四   88        81        78
202.2   王二   77        71        88
203.3   赵五   66        61        98
204.--15 ------------------------------------
205.'''
206.
207.
208.# 可以结合前面或者指定列的方式，只获取符合特定条件的记录中的某些列
209.# 获取数学成绩大于80，且英语成绩大于70的姓名、语文两列
210.df = dfScores[["Name","Chinese"]][ (dfScores["Math"]>80) & (dfScores["English"]>70)]
211.print(df)
212.print("--16", "-"*37)
213.'''
214.   Name   Chinese
215.1   李四       81
216.--16 ------------------------------------
217.'''
218.
219.
220.###### 2 增加和修改数据
```

```
221.########################################
222.#2.1 df["列名"] = 列表list、元组tuple、Series等。
223.#    如果列名已经存在，则修改，如果列名不存在，则增加一列
224.# 为了后续使用dfScores，这里使用其副本
225.dfCopy = dfScores.copy()  # 不能直接赋值，直接赋值相当于引用，赋予了一个别名。
226.# 下面是修改Name列的值
227.dfCopy["Name"] = ["Name0", "Name1", "Name2", "Name3"]  # 长度必须与现有数据行数一致
228.print(dfCopy)
229.print("--17", "-"*37)
230.'''
231.    Name  Math  Chinese  English
232.0  Name0   99      91       68
233.1  Name1   88      81       78
234.2  Name2   77      71       88
235.3  Name3   66      61       98
236.--17 -------------------------------------
237.'''
238.
239.
240.# 下面是新增加一列
241.dfCopy["NewColumn"] = [1,2,3,4]  # 长度必须与现有数据行数一致
242.print(dfCopy)
243.print("--18", "-"*37)
244.'''
245.    Name  Math  Chinese  English  NewColumn
246.0  Name0   99      91       68        1
247.1  Name1   88      81       78        2
248.2  Name2   77      71       88        3
249.3  Name3   66      61       98        4
250.--18 --------------------------------
251.'''
252.
253.
254.#2.2 df.loc[行索引] = 列表list、元组tuple、Series等。
255.#    如果行索引已经存在，则修改行数据，如果行索引不存在，则增加一行
```

```
256.# 为了后续使用dfScores，这里使用其副本
257.dfCopy = dfScores.copy()  # 不能直接赋值，直接赋值相当于引用，赋予了一个别名。
258.# 下面是修改第一行的数据
259.dfCopy.loc[0] = ["张三丰", 77, 77, 77]  # 长度必须与现有数据列数一致
260.print(dfCopy)
261.print("--19", "-"*37)
262.'''
263.  Name  Math  Chinese  English
264.0  张三丰   77      77      77
265.1  李四    88      81      78
266.2  王二    77      71      88
267.3  赵五    66      61      98
268.--19 ------------------------------------
269.'''
270.
271.
272.# 下面是新增加一行
273.iLines = len(dfCopy) # 本例行索引从0开始。
274.#顺序增加一行
275.dfCopy.loc[iLines] = ["陈六", 66, 66, 66]  # 本例行索引号可以为任意整数
276.print(dfCopy)
277.print("--20", "-"*37)
278.'''
279.  Name  Math  Chinese  English
280.0  张三丰   77      77      77
281.1  李四    88      81      78
282.2  王二    77      71      88
283.3  赵五    66      61      98
284.4  陈六    66      66      66
285.--20 ------------------------------------
286.'''
287.
288.
289.# 还可以修改某个行列交叉点特定的数据，比如更新陈六的英语成绩为55
290.dfCopy.loc[iLines,"English"] = 55
```

```
291.print(dfCopy)
292.print("--21", "-"*37)
293.'''
294.   Name  Math  Chinese  English
295.0  张三丰    77        77        77
296.1  李四     88        81        78
297.2  王二     77        71        88
298.3  赵五     66        61        98
299.4  陈六     66        66        55
300.--21 ------------------------------------
301.'''
302.
303.
304.###### 3 删除数据drop()
305.####################################
306.# drop(labels=None,axis=0, index=None, columns=None, inplace=False)
307.# axis=0，删除index。删除columns时要指定axis=1；
308.# inplace=False，默认。指该删除操作不改变原数据，而是返回一个执行删除操作后的新DataFrame；
309.# inplace=True，直接在原数据上进行删除操作。
310.
311.#3.1 删除一列或多列：drop(columns="列名") 或
312.#    drop("列名", axis=1) == drop(labels="列名", axis=1)
313.#    列名可以为一个列表list，表示删除多列
314.df = dfScores.drop(columns="English")  # inplace=False
315.print(df)
316.print("--22", "-"*37)
317.'''
318.   Name  Math  Chinese
319.0  张三     99        91
320.1  李四     88        81
321.2  王二     77        71
322.3  赵五     66        61
323.--22 ----------------------------------
324.'''
325.
```

```
326.
327.#3.2 删除一行或多行: drop(columns=行索引) 或
328.#      drop(行索引, axis=0) == drop(labels=行索引, axis=0)
329.#      行索引可以为一个列表list, 表示删除多行
330.# 删除索引为0的行
331.df = dfScores.drop(index=0)  # inplace=False
332.print(df)
333.print("--23", "-"*37)
334.'''
335.  Name  Math  Chinese  English
336.1  李四   88      81       78
337.2  王二   77      71       88
338.3  赵五   66      61       98
339.--23 -------------------------------------
340.'''
341.
342.
343.df = dfScores.drop(index=[1,2])   # 注意从原始的dfScores删除!
344.print(df)
345.print("--24", "-"*37)
346.'''
347.  Name  Math  Chinese  English
348.0  张三   99      91       68
349.3  赵五   66      61       98
350.--24 -------------------------------------
351.'''
352.
353.
354.##### 最后使用describe()显示各数值列的统计信息汇总
355.## 也可以单独使用mean()、min()、max()等函数
356.statInfo = dfScores.describe()
357.print(statInfo)
358.print("--25", "-"*37)
359.'''
360.          Math    Chinese    English
```

```
361.count    4.000000    4.000000    4.000000
362.mean    82.500000   76.000000   83.000000
363.std     14.200939   12.909944   12.909944
364.min     66.000000   61.000000   68.000000
365.25%     74.250000   68.500000   75.500000
366.50%     82.500000   76.000000   83.000000
367.75%     90.750000   83.500000   90.500000
368.max     99.000000   91.000000   98.000000
369.--25 ----------------------------------
370.'''
371.
372.##### DataFrame的输出
373.## 可以输出到dict、csv、excel、json、html等多种格式的数据类型或文件中
374.
375.# 输出到csv(comma-separated values)文件
376.# 在Windows平台上，如果文件的开始没有BOM(Byte Order Mark)，很多编辑器（如
       Excel）会把ANSI默认编码为CP1252,而不是utf-8。
377.# 所以，在utf-8编码的文件中，要把BOM加上。下面语句使用encoding="utf-8-
sig"，而不是encoding="utf-8"。
378.dfScores.to_csv("c:\\scores.csv", index=False, encoding="utf-8-sig")
379.
380.# 输出到Execel文件中,注意：需要安装 openpyxl 模块。
381.writer = pd.ExcelWriter('c:\\scores.xlsx')
382.dfScores.to_excel(writer, "sheet1")
383.#df.to_excel(writer, "sheet2")
384.writer.save()
385.print("文件输出成功, OK!")
386.
```

数据框对象之间也可以进行合并merge()、拼接concat()、追加append()等各种操作。大家可参考下面的网站了解更加详细的内容：

http://pandas.pydata.org/pandas-docs/stable/api.html

在前面讲述"文件和目录"时我们举过一个例子，从银行客户的信息文件bank_customer.csv中挑选符合特定条件的客户数据，输出到query.csv文件中。这里我们使用数据框DataFrame来实现这个功能，使读者领略一下数据框的强大功能。为了方便介绍，这里再列举一下bank_customer.csv文件中部分样例数据格式：

信用等级,年龄,收入等级,拥有信用卡数量,教育程度,车贷数量

Bad,40,Medium,5 or more,High school,More than 2

Good,56,High,Less than 5,High school,None or 1

Good,50,Medium,5 or more,High school,More than 2

Bad,20,Medium,Less than 5,College,None or 1

Bad,39,Medium,5 or more,High school,More than 2

bank_customer.csv中包含信用等级、年龄、收入等级、拥有信用卡数量、教育程度、车贷数量6个字段，要求选出年龄大于30岁小于等于50岁的客户，并且只需输出信用等级、年龄、教育程度等三个字段。

使用DataFrame的实现代码如下：

```
1.
2.  import sys
3.  import pandas as pd
4.
5.  '''''
6.          读取输入文件的内容，挑选出符合一定条件的内容，写入另外一个文件
7.  '''
8.  try:
9.      # 读取输入文件，以文件内容创建原始数据框
10.     dfRaw = pd.read_csv("bank_customer.csv", sep=",", encoding="utf-8")
11.
12. except Exception as err:
13.     print("读取文件，创建数据框出错：");
14.     print(err)
15.     sys.exit();
16. else:
17.     print("文件已经打开，继续执行条件OK！")
18.
19.     # 挑选符合条件的数据，
20.     # if(age>30 and age<=50):
21.     dfNew = dfRaw[["信用等级","年龄","教育程度"]][(dfRaw["年龄"]>30)
            & (dfRaw["年龄"]<=50)]
22.     #print(dfNew)
23.
```

```
24.    iNumLines = len(dfNew)  # dfNew.__len__()
25.    # 输出新数据框到一个新文件 query.csv
26.    # 在Windows平台上，如果文件的开始没有BOM(Byte Order Mark)，
            很多编辑器（如Excel）会把ANSI默认编码为CP1252,而不是utf-8。
27.    # 所以，在utf-8编码的文件中，要把BOM加上。
            下面语句使用encoding="utf-8-sig"，而不是encoding="utf-8"。
28.    dfNew.to_csv("query.csv", sep=",", encoding="utf-8-sig", index=False)
29.
30. finally:
31.    pass
32.
33. print("数据处理完毕... 共处理了 %d 行" % (iNumLines));  # 有一行是文件头
34.
```

可以看出，采用DataFrame，仅需要几行代码就可以实现同样的功能。另外请读者注意to_csv()函数中的encoding设置。

表8-5展示了类DataFrame的属性和函数。

表8-5 类DataFrame的属性和函数列表

属性(Attributes)		
index、columns、dtypes、ftypes、get_dtype_counts()、get_ftype_counts()、select_dtypes()、values、get_values()、axes、ndim、size、shape、memory_usage()、empty、is_copy		
功能分类	**函数（方法）**	
转换(Conversion)	astype()、convert_objects()、infer_objects()、copy()、isna()、notna()、bool()	
索引和迭代(Indexing, iteration)	head()、at、iat、loc、iloc、insert()、__iter__()、items()、keys()、iteritems()、iterrows()、itertuples()、lookup()、pop()、tail()、xs()、get()、isin()、where()、mask()、query()	
二元操作符函数(Binary operator functions)	add()、sub()、mul()、div()、truediv()、floordiv()、mod()、pow()、dot()、radd()、rsub()、rmul()、rdiv()、rtruediv()、rfloordiv()、rmod()、rpow()、lt()、gt()、le()、ge()、ne()、eq()、combine()、combine_first()	
分组和窗口(GroupBy & Window)	apply()、applymap()、pipe()、agg()、aggregate()、transform()、groupby()、rolling()、expanding()、ewm()	
各种计算及描述性统计(Computations / Descriptive Stats)	abs()、all()、any()、clip()、clip_lower()、clip_upper()、compound()、corr()、corrwith()、count()、cov()、cummax()、cummin()、cumprod()、cumsum()、describe()、diff()、eval()、kurt()、kurtosis()、mad()、max()、mean()、median()、min()、mode()、pct_change()、prod()、product()、quantile()、rank()、round()、sem()、skew()、sum()、std()、var()、nunique()	

续表

属性(Attributes)
index、columns、dtypes、ftypes、get_dtype_counts()、get_ftype_counts()、select_dtypes()、values、get_values()、axes、ndim、size、shape、memory_usage()、empty、is_copy

功能分类	函数（方法）
索引重置/选择/标签操作 (Reindexing / Selection / Label manipulation)	add_prefix()、add_suffix()、align()、at_time()、between_time()、drop()、drop_duplicates()、duplicated()、equals()、filter()、first()、head()、idxmax()、idxmin()、last()、reindex()、reindex_axis()、reindex_like()、rename()、rename_axis()、reset_index()、sample()、select()、set_axis()、set_index()、tail()、take()、truncate()
缺失值处理(Missing data handling)	dropna()、fillna()、replace()、interpolate()
形状重置和排序及转置(Reshaping, sorting, transposing)	pivot()、pivot_table()、reorder_levels()、sort_values()、sort_index()、nlargest()、nsmallest()、swaplevel()、stack()、unstack()、swapaxcs()、melt()、squeeze()、to_panel()、to_xarray()、T、transpose()
整合(Combining / joining / merging)	append()、assign()、join()、merge()、update()
时间序列相关(Time series-related)	asfreq()、asof()、shift()、slice_shift()、tshift()、first_valid_index()、last_valid_index()、resample()、to_period()、to_timestamp()、tz_convert()、tz_localize()
绘图相关(Plotting)	plot()、plot.area()、plot.bar()、plot.barh()、plot.box()、plot.density()、plot.hexbin()、plot.hist()、plot.kde()、plot.line()、plot.pie()、plot.scatter()、boxplot()、hist()
序列化/IO/转换 (Serialization / IO / Conversion)	from_csv()、from_dict()、from_items()、from_records()、info()、to_parquet()、to_pickle()、to_csv()、to_hdf()、to_sql()、to_dict()、to_excel()、to_json()、to_html()、to_feather()、to_latex()、to_stata()、to_msgpack()、to_gbq()、to_records()、to_sparse()、to_dense()、to_string()、to_clipboard()、style
稀疏矩阵相关(Sparse)	SparseDataFrame.to_coo()

8.4 Matplotlib

  Matplotlib是Python环境下用来绘制数据图表的图形库，它可以产生二维和三维图形，并且提供跨平台的交互环境，既可以应用于Python程序中，也可以用在Web服务器上，还提供了GUI界面的工具包。图8-5为Matplotlib绘制的图形示例。

  通过Matplotlib，只需几行代码即可生成直方图、功率谱、条形图、误差图、散点图等图形，并可通过面向对象的一组函数控制线型、字体属性、轴属性等。Matplotlib的官方网址：https://matplotlib.org/。安装Matplotlib的最便捷的方式是使用pip工具，使用命令如下：

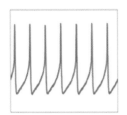   

图8-5 Matplotlib绘制图形示例

```
1.  pip install matplotlib
2.  或则
3.  pip install -U matplotlib   # 直接安装最新的版本
```

Matplotlib有两个接口，一个是面向对象接口；一个是基于状态的接口，封装于matplotlib的模块pyplot中，可使matplotlib像MATLAB（美国MathWorks公司开发的商业数学软件）一样工作，在matplotlib.pyplot函数调用中保留各种状态，以便跟踪当前图形框和绘图区域等，实现与图形的交互。这里我们结合例子简要说明创建图形的流程。

1）二维图形实例

本实例展示某店铺商品2018年上半年销量走势。

```
1.
2.  import matplotlib.pyplot as plt
3.
4.
5.  #0 使绘制图形支持中文和正负号
6.  plt.rcParams['font.sans-serif']    = ['SimHei']    #用来正常显示中文标签
7.  plt.rcParams['axes.unicode_minus'] = False     #用来正常显示负号
8.
9.  #1 创建并设置图形框的大小
10. plt.figure(figsize=(10,6))
11. plt.grid(True, linestyle="-.", color="r")
12.
13. #2 绘制图形所需数据
14. monthList = ["1月", "2月", "3月", "4月", "5月", "6月"]
15. dmdSales = [13, 10, 27, 33, 30, 45]     # 钻石销量
16. pltSales = [1,  10,  7, 26, 20, 25]     # 珀金销量
17.
18. #3 绘制图形
19. plt.plot(monthList, dmdSales, "-xb", label="钻石")
```

```
20. plt.plot(monthList, pltSales, "--dr",label="铂金")
21.
22. #4 设置其他组件-- x,y坐标轴文字以及Title和图例
23. plt.xlabel("月份")
24. plt.ylabel("每月销量")
25. plt.title("X店铺2018年上半年珠宝销量图")
26. plt.legend(loc="upper left", title="提示")
27.
28. #5 显示图形
29. plt.show()
30.
```

输出结果如图8-6所示。

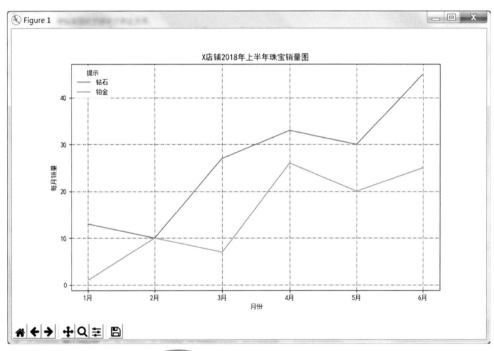

图8-6　Matplotlib绘制二维图形示例

2）三维图形实例

这个实例展示了一个3D彩色图的绘制显示。

```
1.  import numpy as np
2.  import matplotlib.pyplot as plt
3.  from matplotlib import cm
4.  from mpl_toolkits.mplot3d import Axes3D
```

```
5.  from matplotlib.ticker import LinearLocator, FormatStrFormatter
6.
7.  #0 使绘制图形支持中文和正负号
8.  plt.rcParams['font.sans-serif']    = ['SimHei']    #用来正常显示中文标签
9.  plt.rcParams['axes.unicode_minus'] = False        #用来正常显示负号
10.
11. #1 创建并设置图形框的大小，本实例使用了面向对象的接口
12. fig = plt.figure(figsize=(10,6))
13. ax = fig.gca(projection='3d')   # 获取当前的axes(必要时创建一个)
14.
15. #2 产生绘图需要的数据
16. X = np.arange(-5, 5, 0.25)
17. Y = np.arange(-5, 5, 0.25)
18. X, Y = np.meshgrid(X, Y)
19. R = np.sqrt(X**2 + Y**2)
20. Z = np.sin(R)
21.
22. #3 绘制图形
23. surf = ax.plot_surface(X, Y, Z, cmap=cm.coolwarm, linewidth=0, antialiased=False)
24.
25. #4 设置其他组件-- x,y坐标轴文字以及Title和图例
26. # 定制z 轴
27. ax.set_zlim(-1.01, 1.01)
28. ax.zaxis.set_major_locator(LinearLocator(10))
29. ax.zaxis.set_major_formatter(FormatStrFormatter('%.02f'))
30.
31. # 添加颜色条图
32. fig.colorbar(surf, shrink=0.5, aspect=5)
33.
34. #5 显示图形
35. plt.show()
```

输出结果如图8-7所示。

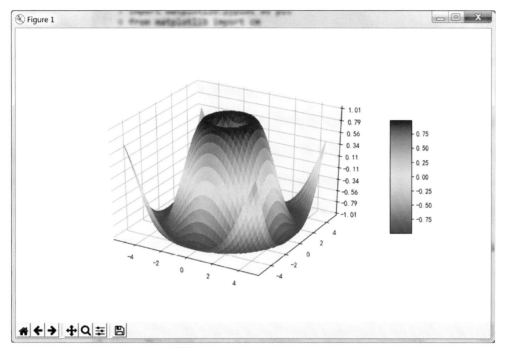

图8-7 Matplotlib绘制三维图形示例

9 Python与机器学习

9.1 机器学习简介

在很多人眼中，机器学习（Machine Learning）或者数据挖掘（Data Mining）都是很高深的领域，从事这方面工作的人都是很"高大上"的。实际上它们也没有那么神秘。数据挖掘和机器学习基本是一回事，都是用来处理大量数据的技术，二者所处理的数据是一样的，都是从大量数据中提取可信、有效的概念、规则、模式、规律等隐含的、事先未知的有用信息，自动抽取其中的关联、变化、异常等特征，以帮助管理者做出正确的决策部署，只不过数据挖掘更多的是从业务应用角度去考虑，机器学习更多的是从数据处理角度考虑，机器学习和数据库是数据挖掘的支撑技术。实际上数据挖掘的概念已经出现很多年了，从商业智能BI（Business Intelligence）系统开始，数据挖掘就是BI的四大功能之一。

随着大数据时代的到来，各行各业所用到的数据呈现体量巨大（Volume）、产生速度快（Velocity）、数据结构复杂（Variety）、价值密度低（Value）的"4V"特点，传统的数据统计和分析方法已经不能满足人们对数据分析的及时性、可靠性的要求，这时数据挖掘技术便得到了深入而广泛的应用，见图9-1。

机器学习是从已有数据中发现潜在规律，并应用于新数据的工程。为了验证发现的"规律"的准确性、普适性，需要将样本数据分成训练数据和测试验证数据，训练数据用于生成算法模型，测试数据用于验证模型的准确性和可靠性，两者相辅相成，共同创建一个可信赖的模型供系统使用。

机器学习分为监督学习和无监督学习。监督学习在处理数据过程中以标签数据为预测目标方向进行模型创建，包括分类和回归两种模型。分类模型是从已标记的数据中学习如何预测未标记数据的类别，比如手写数字识别、车牌自动识别等，目标变量是离散型数据。回归是对连续型变量进行预测的一类模型，它分析预测自变量和因变量之间的关系，比如根据父母的身高统计数据去推测下一代的身高数据就是一个回归问题。

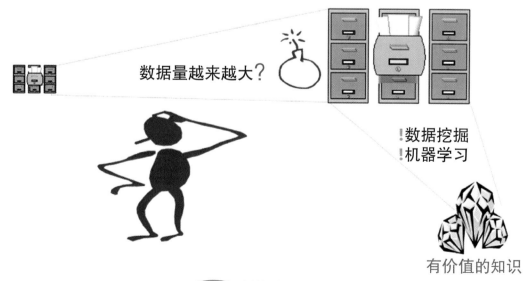

图9-1 大数据时代的数据处理

无监督学习的训练数据由一组输入向量组成，不包含任何相应的目标值（标签字段），目标是发现数据中的相类似的数据组（称为聚类）或判断输入空间内的数据分布（称为密度估计），或将高维数据投影到低维子空间等等。无监督学习的模型包括聚类、关联规则、生存分析等等。

图9-2所示是针对一个具体业务问题进行机器学习（数据挖掘）的流程，称为CRISP（CRoss Industry Standard Process）。

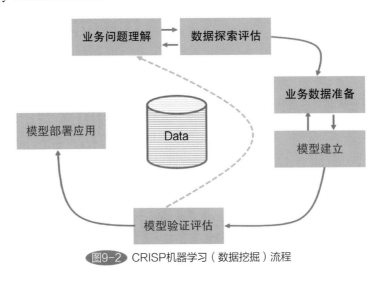

图9-2 CRISP机器学习（数据挖掘）流程

9.2 机器学习模块

下面对Python中几个流行的机器学习模块做概要介绍。

1）TensorFlow

TensorFlow由Google Brain团队开发，能将复杂的数据结构传输至人工智能神经网中进行分析和处理，可用于语音识别或图像识别等，它可在小到一部智能手机，大到数千台数据中心服务器上运行。TensorFlow是开源的，任何人都可以将其集成到自己的应用中。TensorFlow的网站：https://tensorflow.org， 在GitHub上的网址是：https://github.com/tensorflow/tensorflow 。

2）Scikit-learn

Scikit-learn简称sklearn，最早由DavidCournapeau在2007年发起的，是Python语言中专门针对机器学习应用而发展起来的一款开源框架，构建在NumPy和SciPy库之上，基本功能主要分为六大部分：分类、回归、聚类、数据降维、模型选择和数据预处理。

Scikit-learn不做机器学习领域之外的其他扩展，不采用未经广泛验证的算法，因而稳定、可靠，很多应用系统都对它进行了集成，在下一节将对其做专门介绍。机器学习设计的高级算法框架，

Scikit-learn 的网址：http://scikit-learn.org。

GitHub 上的网址：https://github.com/scikit-learn/scikit-learn。

3）Keras

Keras 是一个高层神经网络 API，采用 Python 编写而成。它基于 Tensorflow、Theano 以及 CNTK 后端，可以进行快速的原型设计和快速试错，能够把使用者的想法迅速表达出来，支持 CNN 和 RNN，并可对 CPU 和 GPU 无缝切换。

Keras 的网站：http://keras.io。

GitHub 上的网址：https://github.com/keras-team。

4）PyTorch

PyTorch 是使用 GPU 和 CPU 优化的深度学习张量库。它具备两种高级特性：一个是张量计算（像 numpy 那样），并且具有强大的 GPU 加速功能；另一个是具备深度神经网络，它构建在一个 tape-based 自动求导系统之上。PyTorch 的设计是与 Python 深度集成的，不是一个 Python 绑定到 C++ 框架。

PyTorch 的网站：https://pytorch.org/。

GitHub 上的网址：https://github.com/pytorch。

5）Theano

Theano 更像一个深度学习研究平台，需要开发者从底层开始做许多工作来创建需要的模型。Theano 本身也是基于 Python，是一个擅长处理多维数组的库（类似于 NumPy），与其他深度学习库结合起来，十分适合数据探索。它也可以理解为一个数学表达式的编译器，用符号式语言定义结果。

Theano 的网站：http://www.deeplearning.net/software/theano/。

GitHub 上的网址：https://github.com/Theano。

6）Gensim

Gensim 是一款开源的 Python 工具包，可以在非结构化文本中学习隐层的主题向量表达，支持 TF-IDF、LSA、LDA、word2vec 等多种主题模型算法，支持流式训练，并提供了诸如相似度计算、信息检索等一些常用任务的 API 接口。

Gensim 的网站：https://radimrehurek.com/gensim/。

GitHub 上的网址：https://github.com/RaRe-Technologies/gensim。

7）Caffe

Caffe 全称为 Convolutional Architecture for Fast Feature Embedding，是一个计算 CNN 相关算法的框架，采用纯粹的 C++/CUDA 架构，支持命令行、Python 和 MATLAB 接口，可以在 CPU 和 GPU 之间无缝切换。

Caffe 的网站：http://caffe.berkeleyvision.org/。

Caffe 上的网址：https://github.com/BVLC/caffe。

8）Chainer

Chainer 是基于 Python 的独立开源框架，通过直观灵活的方法实现一系列深度学习模型，如递归神经网络和变分自动编码器等，它可以在训练时"实时"构建计算图。

Chainer 的网站：https://chainer.org/。

Chainer 上的网址：https://github.com/chainer/chainer。

9）Statsmodels

Statsmodels 是一个开源的 Python 模块，可用于探索数据、估计统计模型、执行统计检验，可实现大量的描述性统计、结果统计等。

Statsmodels 的网站：http://www.statsmodels.org。

Statsmodels 上的网址：https://github.com/statsmodels/statsmodels。

10）Shogun

Shogun 是一个机器学习工具箱，提供了一系列的机器学习方法，可无缝组合多种算法类和工具。

Shogun 的网站：http://www.shogun-toolbox.org/。

Shogun 上的网址：https://github.com/shogun-toolbox/shogun。

此外还有其他大量模块，如 Pylearn2、NuPIC、Neon、Nilearn、Orange3 等，并且新的模块还在源源不断地加入。KDnuggets 于 2018 年 2 月统计出近一年来 GitHub 上 Python 机器学习开源项目的前 20 名的提交量和贡献值，如图 9-3 所示，图中雪花图标代表深度学习项目，

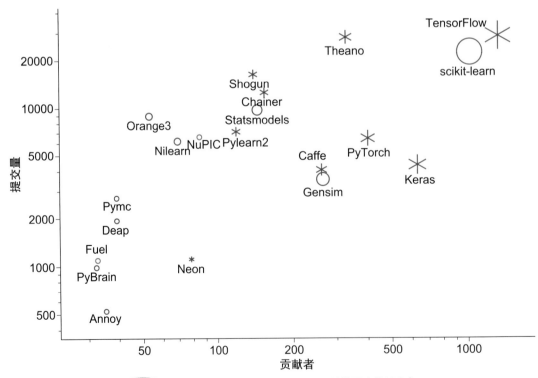

图9-3　2018年Python机器学习开源项目评选结果（前20名）

圆圈代表机器学习项目，图标的大小与贡献者的数量成正比。

9.3　sklearn模块

9.3.1　sklearn模块的安装

前面我们已经提到过sklearn（Scikit-Learn）模块，它是为有监督和无监督机器学习设计的高级算法框架，作为Python科学计算生态系统的组成部分，它构建在NumPy和SciPy库之上。NumPy是位于Python之上进行数值计算的模块，SciPy构建在NumPy之上，涵盖了更具体的数值例程，如优化和插值；而sklearn则是为机器学习而构建的框架，实现了机器学习的Python接口。

由于sklearn是基于NumPy和SciPy两个模块的，所以在Python中使用时首先需要安装这两个模块。另外，如果安装了mkl模块，将会大大提高NumPy的运行效率，所以最好也要安装mkl模块。mkl是Intel的数学核心函数库（Math Kernel Library），提供了经过高度优化和线程优化处理的数学功能，面向性能要求较高的科学、工程及金融等领域的应用。

目前Scikit-learn的最新版本为0.20.0，运行需要满足以下条件：
① Python 版本不低于 3.4；
② NumPy 版本不低于 1.8.2；
③ SciPy 版本不低于 0.13.3。
为了添加数据的可视化功能，推荐使用模块matplotlib。完整的安装sklearn的命令如下：

```
1.  pip install -U mkl
2.  pip install -U numpy
3.  pip install -U scipy
4.  pip install -U matplotlib
5.  pip install -U scikit-learn
```

上面的命令会把各个模块的最新版本（-U选项）安装到本地的\site-packages目录下。也可以使用下面更为简便的命令，一次性把sklearn及其所依赖的模块都安装到本地：

```
1.  pip install -U scikit-learn[alldeps]
```

9.3.2　sklearn功能组成

sklearn提供了六大部分的功能，它们分别是：

● 分类（Classification）

- 回归（Regression）
- 聚类（Clustering）
- 数据降维（Dimensionality reduction）
- 数据预处理（Preprocessing）
- 模型选择（Model selection）

这六大功能提供了监督学习和无监督学习的各种模型，同时也提供了数据进入模型前的各种预处理功能。其中分类和回归属于监督学习的范畴，聚类等属于无监督学习的范畴。

分类是预测新数据（一条新数据可对应一个新对象）属于哪一个类别的模型，应用场景较多，如垃圾邮件检测、图像识别等。其算法包括支持向量机（SVM）、最近邻模型、随机森林树、随机梯度下降法、决策树等等。

回归是用来对连续性变量进行预测的一类模型，应用场景也较多，如病人对药物的反应预测、债券价格预测、销量预测等。其算法包括支持最小二乘法、向量回归（SVR）、岭回归、Lasso等等。

聚类是按照类似"物以类聚，人以群分"的原则，自动对相似数据进行分组的一种模型。应用场景也很丰富，如客户分群、文本分类、产品分类等。其算法包括K-Mean、谱分类、Mean Shift、DBSCAN等等。

数据降维是一种减少特征（变量）数量的方法。通常应用于可视化、提高效率等场景方面。其常见的算法包括主成分分析（PCA）、特征选择、非负矩阵分解等等。

数据预处理主要用来进行特征提取和正则化（标准化），在数据挖掘或机器学习的各个阶段都可以发现它的身影，一般也称为ETL（Extract、Transform and Loading）。数据预处理使用的方法可谓多种多样，包括一般的统计方法、分类、聚类等模型都可以应用。

模型选择是一个比较、验证、进而确定最优参数和合适模型的过程。常用的方法包括网格搜索、交叉验证以及各种指标的对比（如AUC、F1-Score等）。

sklearn提供了从样本数据中创建训练数据和测试数据的方法。在后面的例子中我们会展示这个功能。

9.3.3 sklearn的使用

sklearn自带了一些案例数据，这些数据位于Python安装目录的\Lib\site-packages\sklearn\datasets子目录下，sklearn为这些数据提供了专门的访问接口，用起来很方便。使用sklearn的基本流程如下：

① 导入相关模块（sklearn下面有各种各样的预处理、算法等具体模块）；
② 导入数据，并切分为训练集和测试集；
③ 选择算法，并训练算法，创建模型；
④ 使用测试数据测试模型的准确性；
⑤ 使用模型进行预测应用。

下面以手写数字图像识别为实例说明sklearn的使用流程，本实例用的数据文件为安装目录下的\Lib\site-packages\sklearn\datasets\data\digits.csv.gz，这是一个压缩文件，还有一个说明文档digits.rst，位于\Lib\site-packages\datasets\descr\，使用时这两个文档一起载入内存。

Rst是一个文本文件，它包含了以reStructuredText标记语言编写的代码。可以将标记的基本样式和格式应用于文本文档，也可用于内联程序文档（主要用于Python）或简单的Web页面，即它可以和数据文件一起使用，两者共同组成类似数据库表的结构。

数据文件中，每条记录代表一个样本，每个样本是一个8×8矩阵，代表了一个0～9的数字，每个矩阵元素都是0～16范围内的整数。表9-1是对样本数据的说明。

表9-1　图像样本数据说明

预测类别数量	10
预测类别域	[0,1,2,3,4,5,6,7,8,9]
每个类别样本数	大约180个
样本总数	1797
维度（属性）数量	64
属性（特征）值范围	0～16之间的任意一个值

每个样本共65列，最后一列的标签数据即预测值。本例中用到的数据来自加州大学欧文分校网站，数据网址为：

　　http://archive.ics.uci.edu/ml/datasets/Optical+Recognition+of+Handwritten+Digits

图9-4所示是四个图像样本数据。

图9-4　图像样本数据

代码如下：

```
1.
2.  #1 导入相关模块
3.  from sklearn import datasets, svm, metrics
4.  from sklearn.model_selection import train_test_split
5.
6.
7.  #2 使用sklearn自带的接口访问图像数据（处理过的，已经转化为整数值）
8.  digits = datasets.load_digits()
```

9. #2 切分为训练集和测试集，留给测试数据集20%，其他为训练数据集。采样随机种子数为50。

```python
10. X_train,X_test,y_train,y_test=train_test_split(digits.data,digits.
    target,test_size=0.20,random_state=50)
11.
12. #3 创建一个分类器（此问题属于分类问题）：支持向量分类器
13. classifier = svm.SVC(gamma=0.001)    # 核函数中的系数
14. #3 使用训练数据，对SVC进行训练，得到一个可以使用的模型
15. classifier.fit(X_train, y_train)
16.
17. #4 使用测试数据，测试模型的准确度
18. expected = y_test;
19. predicted = classifier.predict(X_test)
20. #4 输出测试的结果，从结果中可以看出模型的准确程度
21. print("分类器模型及效果信息:")
22. print("%s:" % classifier)   # 输出模型名称及其参数
23. print("%s"  % metrics.classification_report(expected, predicted))
24. print("混淆矩阵:\n%s" % metrics.confusion_matrix(expected, predicted))
25.
26. print("-"*50)
27. #5 使用模型进行预测，首先设置预测数据
28. x1 = [[0,  0,  4, 12, 13, 3,  0,  0,  0,  0, 7,  14, 16, 9, 0,  0,  0,  0,
29.        0, 12, 16, 8,  0,  0,  0,  0,  0,  6, 16, 6,  0,  0, 0, 0,  0,  9,
30.       16, 6,  0,  0,  0,  0,  0, 12, 16, 3, 0,  0,  0, 0, 0, 13, 16, 3,
31.        0,  0,  0,  0,  0,  15, 16, 11, 0,  0]]
32. #5 进行预测
33. y1 = classifier.predict(x1)   # 返回一个numpy.ndarray对象
34. print("预测结果 =", y1)
35.
```

上面这个实例从导入相关模块、装载数据、将数据切分为训练数据和测试数据，到创建模型、使用模型，比较完整地说明了sklearn使用的基本流程。

看一下输出的结果：

```
1.
2.  分类器模型创建参数及效果信息：
3.  SVC(C=1.0, cache_size=200, class_weight=None, coef0=0.0,
4.    decision_function_shape='ovr', degree=3, gamma=0.001, kernel='rbf',
5.    max_iter=-1, probability=False, random_state=None, shrinking=True,
6.    tol=0.001, verbose=False):
7.              precision    recall  f1-score   support
8.
9.          0       1.00      0.98      0.99        41
10.         1       0.98      1.00      0.99        42
11.         2       1.00      1.00      1.00        45
12.         3       1.00      1.00      1.00        29
13.         4       0.97      1.00      0.98        31
14.         5       1.00      0.97      0.98        31
15.         6       1.00      1.00      1.00        38
16.         7       1.00      0.97      0.99        35
17.         8       1.00      0.96      0.98        28
18.         9       0.95      1.00      0.98        40
19.
20. avg / total     0.99      0.99      0.99       360
21.
22. 混淆矩阵：
23. [[40  0  0  0  1  0  0  0  0  0]
24.  [ 0 42  0  0  0  0  0  0  0  0]
25.  [ 0  0 45  0  0  0  0  0  0  0]
26.  [ 0  0  0 29  0  0  0  0  0  0]
27.  [ 0  0  0  0 31  0  0  0  0  0]
28.  [ 0  0  0  0  0 30  0  0  0  1]
29.  [ 0  0  0  0  0  0 38  0  0  0]
30.  [ 0  0  0  0  0  0  0 34  0  1]
31.  [ 0  1  0  0  0  0  0  0 27  0]
32.  [ 0  0  0  0  0  0  0  0  0 40]]
33. -------------------------------------------------
34. 预测结果 = [1]
35.
```

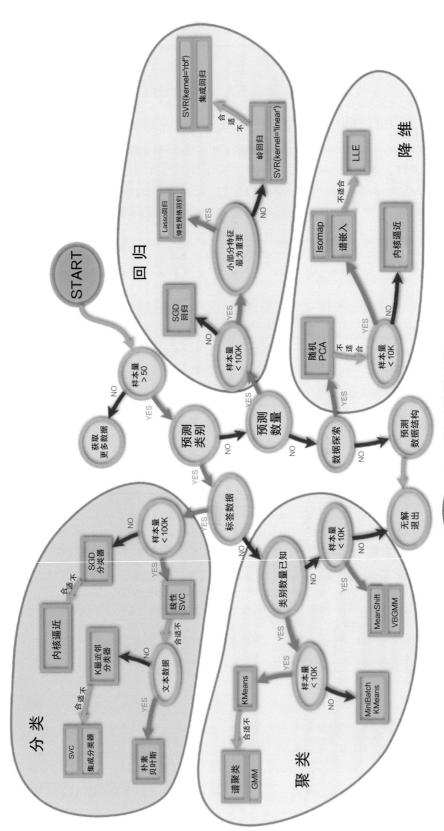

图9-5　sklearn模型选择建议流程图

　　这个例子中使用了基于SVM（支持向量机）的SVC（支持向量分类）模型，输出了训练后SVC模型创建所用的参数以及混淆矩阵，从结果看（第20行）效果还是不错的；最后使用了一条数据x1进行预测，预测结果为1，说明是对的。

　　对于sklearn的其他模型如分类、回归、聚类等，总体流程基本是一样的，只是对于不同的数据形态，还需要添加数据预处理步骤，如类型转换、编码、派生新字段等，以更好地适合模型的训练和使用。

　　解决一个机器学习问题，最困难的是选择一个正确的算法或模型，一般根据要处理的数据量、问题的类型（分类/回归/降维等）选择不同的方向，最后初步确定一个模型。不同的算法适合不同的数据和不同的问题。图9-5所示的流程图（flowchart）可以为读者提供一个粗略的寻找合适算法的指南和参考。

10 Python 包管理工具及应用打包

　　作为一门流行的编程语言，Python 的应用范围越来越广。很多第三方机构和个人为 Python 贡献了很多有实用价值的程序包，在 Python 的官方程序包网站 https://pypi.org/ 上有近 15 万个工程，注册用户超过 28 万（截至 2018 年 7 月），开发者可以从这些程序包中找到各种各样的模块，从最简单的加减乘除到复杂的机器学习，几乎无所不包，这使得 Python 编程变得更加轻松便捷，开发者可以尽情享受 Python 编程的快乐。不过随着程序包的增长，实现类似功能或相同功能的包也越来越多，同一个包也有不同的版本更新，且程序包之间的依赖关系也越来越复杂，程序包的下载使用、版本更新等就成了一个问题。幸运的是 Python 系统非常关注这个问题，提供了多个管理工具，按照出现的时间排列，目前程序包的管理工具有 distutils、setuptools（easyinstall）、distribute、disutils2、distlib 以及 pip。其中 pip 功能最全，使用最方便，已成为事实上的包管理工具标准。另外开发者开发的应用系统要打包发布，推送给用户使用，需要有一个功能齐全的打包发行工具，为此本章对目前最流行的打包工具 PyInstaller 进行简要介绍。

10.1　Pip

　　从 Python3.4 开始，pip 工具成为 Python 的标配，Python 系统安装时会在安装目录的子目录 Scripts 下自动安装 pip 工具。

　　默认情况下命令 pipX 和 pipX.Y 可安装在所有平台上(X.Y 代表 Python 安装的版本，如 Python 的版本 3.6)，可以通过 pip -V 或者 pip --version 查看当前的版本，将 pip 升级到最新版本，命令格式如下：

```
python -m pip install --upgrade pip
```

pip 的功能非常丰富，目前其使用全是在命令行窗口中进行的，包括以下命令：

```
1.  Usage:
2.    pip <command> [options]
3.
4.  命令:
5.    install         安装模块
6.    download        下载模块（不安装）
7.    uninstall       卸载模块
8.    freeze          以需求模式输出安装的模块。需求模式是指安装时的输入格式。
9.    list            输出已经安装的模块列表
10.   show            显示某个已经安装的模块的信息
11.   check           验证已经安装的模块是否存在包依赖的兼容性问题
12.   config          管理本地和全局的配置(edit, get, list, set, unset)
13.   search          在PyPI中搜索是否存在某个模块
```

14.	wheel	按照需求创建whl模块安装包（whl文件本质是一个zip文件）
15.	hash	计算包的hash值
16.	completion	支持pip命令自动补全功能
17.	help	对以上命令显示帮助信息
18.		
19. 通用选项：		
20.	-h, --help	显示本帮助信息
21.	--isolated	在隔离模式下运行pip，忽略环境变量和用户配置
22.	-v, --verbose	以详细模式输出信息
23.	-V, --version	显示pip的版本信息
24.	-q, --quiet	以简略模式输出信息
25.	--log <path>	设置详细模式下，信息输出日志的路径
26.	--proxy <proxy>	设置网络代理，以[user:passwd@]proxy.server:port格式
27.	--retries <retries>	当网络出现问题时，最大尝试理解的次数，默认为5次
28.	--timeout <sec>	设置网络连接超时时间，默认是15秒
29.	--exists-action <action>	设置当安装路径已经存在时的默认动作
30.		可取值: (s)witch, (i)gnore, (w)ipe, (b)ackup, (a)bort.
31.	--trusted-host <hostname>	设置hostname是可信赖的，即使不是通过HTTPS连接
32.	--cert <path>	设置CA证书的路径
33.	--client-cert <path>	设置SSL客户端证书路径(一个PEM格式的文件)
34.	--cache-dir <dir>	设置存放缓存数据的路径
35.	--no-cache-dir	禁用缓存.
36.	--disable-pip-version-check	禁止定期检查PyPI以确定是否有新版本的pip可供下载
37.	--no-color	禁用彩色信息输出
38.		

目前有一个GUI界面的pip工具：pip-Win，实际上是一个对pip工具的封装，其运行需要pip工具。有兴趣的读者可到这个网址下载试用：https://sites.google.com/site/pydatalog/python/pip-for-windows

10.1.1 安装和更新模块

把指定模块的最新版本安装到本地的命令如下：

```
pip install SomePackage
```

这个命令会在PyPI(Python Package Index）中搜索SomePackage模块，并安装最新版本，默认的安装路径是 <Python 安装目录 >\Lib\site-packages，如果没有找到，则会给出提示。

如果由于某个原因需要模块的特定版本，可以在模块名称后指定版本号，或使用符号

"＞"、"＜" 与 "＝＝" 的组合指定版本号的范围，如：

```
1.  pip install SomePackage==1.0.4      # 精确指定一个版本号
2.  pip install "SomePackage>=1.0.4"   # 指定版本号范围
```

注意：在使用符号 "＞"、"＜" 时，模块名称与版本号范围必须用双引号包围起来。

如果模块已经下载到本地了，则可以使用下面的命令直接安装：

```
1.  pip install tensorflow-0.12.0-cp35-cp35m-win_amd64.whl
```

上面这个命令把本地的 tensorflow 安装到 site-packages 目录下，命令行中的 .whl 文件是一个 wheel 格式的文件，wheel 本质上是一个 zip 包，使用 .whl 扩展名，用于 python 模块的安装，它的出现是为了替代原来的 Eggs 文件。

如果想更新一个已经安装好的模块，无需卸载，直接使用下面的命令：

```
pip install --upgrade SomePackage
```

可以使用 pip 工具来更新 pip 自己，自动替换原来的旧版本：

```
pip install --upgrade pip
```

10.1.2　显示和卸载模块

下面两个命令可以显示已经安装了哪些模块以及模块的版本号：

```
1.  pip list
```
或者
```
2.  pip freeze
```

这两个命令输出信息相同，但是指示格式不同。另外，命令 pip list 还可以列出哪些模块已经过期需要更新了，或者哪些模块已经是最新的模块，格式如下：

```
1.  pip list -o | --outdated     # 显示本地已经过期的模块（有最新版本了）
2.  pip list -u | --uptodate    # 显示本地哪些是最新版本的模块
```

卸载已经安装的模块的命令如下：

```
pip uninstall SomePackage
```

10.2　打包

当应用系统开发完毕后，通常需要部署到测试环境进行各种测试，如集成测试、系统测试、验收测试等，测试成功后还需要部署到工作环境下运行，因此需要打包，最好的打包方式是提供给最终用户一个独立的可执行文件，这个文件包含系统运行所需要的各种资源和模块，甚至包含了解释器，像著名的应用 Dropbox、Eve Online、BitTorrent 的客户端就是采用这种方式。这种方式的优势很明显，因大多数用户的电脑上，无论是 Windows 系统还是各种 Linux 系统，一般都没有安装 Python 系统，即使安装了，也不一定是运行应用系统所需要的版本，采用这种独立文件的部署方式，安装后用户可立即使用。

针对 Python 工程的打包工具比较丰富，Python 系统以及第三方机构提供了各种各样的打包部署工具。表 10-1 选取了有代表性的几个打包工具。

表10-1　Python打包工具（部分）

打包工具名称	适用于Windows	适用于Linux	适用于OS X	适用于Python 3	许可证	单一文件	压缩文件导入	Eggs打包部署	pkg_resources库支持
bbFreeze	是	是	是	否	MIT	否	是	是	是
py2exe	是	否	否	是	MIT	是	是	否	否
pyInstaller	是	是	是	是	GPL	是	是	是	是
cx_Freeze	是	是	是	是	PSF	否	是	是	是
py2app	否	否	是	是	MIT	否	是	是	是

以上所有工具都需要 MS VC++ 动态库支持；而 PyInstaller 除了能创建独立可执行安装程序，还能够把所需的 VC++ DLL 一起打包，使用户无需额外操作，安装方便。实际上每个打包工具都有自己的优缺点，从应用的方便性、广泛性、跨平台性看，还是属 PyInstaller 最好，所以这里介绍一下 PyInstaller 的使用方法。

10.2.1　PyInstaller的安装

PyInstaller 可以把 Python 应用程序及其所有依赖的模块捆绑到一个独立的可执行文件中，用户可以在不安装 Python 解释器或任何模块的情况下运行打包的应用程序。PyInstaller 支持 numpy、PyQt、Django、wxPython 等。PyInstaller 可在 Windows、Linux、Mac OS X、FreeBSD、Solaris 和 AIX 平台下运行，并使用操作系统支持来加载动态库，确保完全兼容。PyInstaller 的官方网址：http://www.pyinstaller.org/。

PyInstaller 本身是一个可以独立运行的应用程序（exe 文件）。它可以像其他 Python 模块一样用 pip 工具自动下载安装，命令格式如下：

```
pip install pyinstaller
```

需要更新时，可使用如下命令：

```
pip install --upgrade pyinstaller
```

正确安装后，程序 pyinstaller.exe 及相关工具会放在 <Python 安装目录>\Scripts 下，其他模块和资源会放在 Python 安装目录下的 \lib\site-packages\PyInstaller 子目录中。若要验证是否安装正确，输入以下命令进行：

```
pyinstaller --version
```

输出结果如果像下面这样，就说明已经正确安装了。

```
3.3.1
```

在\Scripts目录下还会安装有以下几个工具：

➤ pyinstaller.exe：打包的主程序；
➤ pyi-makespec.exe：生成打包时所需要的规格文件（spec文件）；
➤ pyi-archive_viewer.exe： 查看可执行包里面的文件列表；
➤ pyi-bindepend.exe：查看可执行文件依赖的动态库；
➤ pyi-grab_version.exe：抽取一个windows可执行程序的版本信息，如文件的版本号、名称、适合运行的系统等；
➤ pyi-set_version.exe：设置一个Windows可执行程序的版本信息（模板可来自pyi-grab_version.exe）。

10.2.2 PyInstaller的使用

由于安装Python时，Python安装目录下的Scripts子目录已经设置到环境变量PATH中了，所以在任何目录下都可以直接运行这个工具。比如要打包一个test.py文件，键入命令：

```
pyinstaller test.py
```

PyInstaller会首先在当前目录下创建一个名为dist的子目录，并在其中创建test文件夹（目录），并扫描test.py文件，根据import语句，分析保证py文件正常运行所需的各种模块和类库，生成打包所需的规格文件（spec文件，文件名与py文件相同，本例中是test.spec），然后搜集这些模块和类库，包括当前的Python解释器，将它们打包成一个独立的包（一个文件夹），或者按照选项生成一个独立的可执行文件，这个捆绑包或可执行文件就可以部署到终端用户的系统上，由于它们是自包含的（包括了应用所有的资源模块），用户不需要额外安装任何资源就可以直接执行。

注意PyInstaller的打包是不能跨平台的，即在Windows平台下打的包不能在Linux平台上运行，反之亦然。另外PyInstaller不会将操作系统的类库打包进来，比如在Linux下不会把/lib、/usr/lib下的文件纳入所部署的文件包或独立可执行文件中。

如果开发的应用系统需要访问某些文件，可以通过编辑spec规格文件，使PyInstaller在打包时把这些文件包含进来。

如果是生成一个独立可执行文件，则PyInstaller的引导程序会在操作系统的临时目录下创建一个临时文件夹，这个文件夹的名称类似 _MEIxxxxxx 的形式，其中，xxxxxx是一个随机数。这个临时目录会在程序运行完毕后自动删除。

PyInstaller的命令语法格式如下：

```
pyinstaller [options] script [script ...] | specfile
```

假设当前目录下有一个test.py文件，执行命令：

```
1.  pyinstaller test.py      # 打包成单个文件夹
2.  或者
3.  pyinstaller -F test.py   # 打包成独立可执行文件
```

首先PyInstaller扫描分析test.py文件，然后：

① 在test.py文件所在目录下创建test.spec规格文件；

② 在test.py文件所在目录下创建build子目录，这是一个临时工作目录；

③ 将打包过程需要的文件和日志文件都输出到build目录中；

④ 在test.py文件所在目录下创建dist子目录，这是打包结果目录；

⑤ 如果打包成单个文件夹，则在dist目录中创建test文件夹，放入生成的test.exe启动程序以及所有的依赖库和资源；如果打包成独立可执行文件，则直接生成独立的可执行文件test.exe。

如果在命令行中输入多个py文件，则spec规格文件将以第一个py文件命名，并且部署包和可执行文件也是以第一个文件命名，第一个py文件的代码也是应用系统第一个运行的程序。所以一定要注意PyInstaller命令行中的py文件顺序。

在规格文件spec中可以包含大部分的命令行选项，如果已经编辑好了spec文件，则可以使用如下命令打包：

```
pyinstaller test.spec
```

如果test.spec不在当前目录下，上述命令需要以全路径表示其位置。

PyInstaller的选项众多，其通用选项见表10-2。

表10-2　PyInstaller的通用选项

-h, --help	显示帮助命令和选项
-v, --version	显示PyInstaller的版本
--distpath DIR	设置存放部署应用的文件夹，默认为当前目录下的/dist目录
--workpath WORKPATH	设置工作目录，存放临时工作文件、日志、.pyz等文件。默认为当前目录下的/build目录
-y, --noconfirm	无需提醒，替换各输出目录和文件（如果已经存在）。输出目录默认包括SPECPATH/dist/SPECNAME
--upx-dir UPX_DIR	设置UPX的搜索路径，默认搜素可执行文件的目录。UPX是一种对可执行文件或类库进行压缩的工具
-a, --ascii	不支持Unicode，默认是支持的
--clean	打包之前，清理PyInstaller缓存并删除临时文件
--log-level LEVEL	设置输出到DOS窗口中信息的级别。LEVEL可取TRACE、DEBUG、INFO、WARN、ERROR、CRITICAL之一。默认为INFO

表10-3列示了 PyInstaller 的输出选项。

表10-3　PyInstaller的输出选项

-D, --onedir	创建一个包含可执行文件的目录（文件夹）。这是默认方式
-F, --onefile	创建一个独立的可执行文件
--specpath DIR	设置存放规格文件spec的目录。默认是当前目录
-n NAME, --name NAME	设置部署包应用的名称和规格文件spec的名称。默认是第一个py文件名

表10-4列示了 PyInstaller 的搜索和捆绑选项。

表10-4　PyInstaller的搜索和捆绑选项

--add-data <SRC;DEST or SRC:DEST>	添加其他非二进制文件或文件夹，路径分隔符应该与操作系统有关（相当于Python中的os.pathsep），在Windows中是"；"，而在Unix系列中是"："； 这个选项可以出现多次
--add-binary <SRC;DEST or SRC:DEST>	与--add-data类似，只是这个选项添加二进制文件。这个选项可以出现多次
-p DIR, --paths DIR	设置导入模块的路径（作用类似于环境变PYTHONPATH）。可以一次设置多个路径，路径之间使用"："。可以多次使用这个选项
--hidden-import MODULENAME, --hiddenimport MODULENAME	设置一个不能在.py文件中直接扫描到的模块路径。这个选项可以出现多次
--additional-hooks-dir HOOKSPATH	添加额外的搜索"钩子hook"的路径。这个选项可以出现多次
--runtime-hook RUNTIME_HOOKS	自定义运行时钩子文件的路径。一个"运行时钩子"是与可执行程序绑定，并且在其他模块设置特定运行环境属性时执行的代码。这个选项可以出现多次
--exclude-module EXCLUDES	可以被忽略的模块或包。这个选项可以出现多次
--key KEY	加密Python字节码所需要的密码（以免被破解）。需要安装PyCrypto模块

表10-5列示了 PyInstaller 的打包过程选项。

表10-5　PyInstaller的打包过程选项

-d, --debug	通知PyInstaller的引导程序（bootloader）在初始化环境和启动应用的时候，输出流程中的各种信息
-s, --strip	在可执行文件和共享库之间提供一个符号表。（Windows下不推荐使用）
--noupx	不使用UPX

表10-6列示了在 Windows 系统下的专有选项。

表10-6　Windows系统下的专有选项

--version-file FILE	根据FILE的内容，为可执行程序添加版本信息
-m <FILE or XML> --manifest <FILE or XML>	为可执行文件添加manifest信息（包含可执行程序的版本，入口信息等等）
-r RESOURCE --resource RESOURCE	添加或更新可执行程序的资源。 RESOURCE格式如下： FILE[,TYPE[,NAME[,LANGUAGE]]] 如果FILE是一个数据文件，则TYPE和NAME必须提供，LANGUAGE默认为0或 *，意味着更新所有给定TYPE和NAME的文件； 如果FILE是exe/dll文件，当省略TYPE、NAME和LANGUAGE时，FILE中的所 有资源将添加/更新到可执行文件； 这个选项可出现多次
--uac-admin	创建一个Manifest文件，在重启可执行程序时申请提升权限
--uac-uiaccess	允许一个提升权限的应用程序与远程桌面协同运行

表10-7列示了Windows和Mac OS X系统下的专有选项。

表10-7　Windows和Mac OS X系统下的专有选项

-c, --console, --nowindowed	对标准输入/输出打开一个控制台窗口（默认）
-w, --windowed, --noconsole	对标准输入/输出不打开一个控制台窗口
-i <FILE.ico or FILE.exe,ID or FILE.icns> --icon <FILE.ico or FILE.exe,ID or FILE.icns>	FILE.ico：设置windows可执行程序的图标； FILE.exe,ID：从FILE.EXE抽取标志为ID的图标作为 Windows可执行程序的图标； FILE.icns：在Mac OS X上，为捆绑的.app应用设置图标

　　打包后程序的运行是由PyInstaller的引导程序启动的，它会修改某些运行时的环境变量，导致使用某些环境变量的程序运行出错。比如在代码中需要基于模块的__file__属性来定位某个数据文件，在源代码模式下能够正常运行，在打包后（无论是文件夹打包方式，还是独立可执行文件打包方式）运行就会出现错误。所以我们有必要知道当前程序是运行在打包模式下还是在源代码模式下。

　　在源代码模式下运行时，标准的__file__的值是当前运行代码文件的全路径名称，如E:\Develop\myPython\test18.py；在打包模式下运行时，PyInstaller引导程序首先添加并设置sys.frozen属性为True，添加sys._MEIPASS属性，并把打包文件夹的绝对路径存放其中。单文件夹打包方式和独立可执行文件打包方式的sys._MEIPASS是不一样的，对于单文件夹打包方式，sys._MEIPASS就是这个文件夹的绝对路径，对于独立可执行文件打包方式，sys._MEIPASS就是在程序运行时临时产生的类似_MEIxxxxxx的文件夹。

　　在源代码模式下运行时，sys.executable所指当前运行的程序位于Python解释器绝对路径中（注意：py文件不过是解释器的一个输入参数），在打包模式下运行时，sys.executable所指当前运行的程序位于打包时创建的可执行文件的绝对路径（无论是单文件夹打包方式还是独立可执行文件打包方式）中。

属性 sys.argv[0] 的值是在命令行中使用的名称或者一个路径，可能是一个相对路径，也可能是一个绝对路径，例如：

```
1.
2. import sys, os
3.
4. bundled = 'NOT'
5. if getattr(sys, 'frozen', False):
6.         # 在打包的应用中运行
7.         bundled = 'YES'
8.         bundle_dir = sys._MEIPASS
9. else:
10.         # 在正常的Python环境下运行
11.         bundle_dir = os.path.dirname(os.path.abspath(__file__))
12.
13. print( 'Application     is', bundled, 'bundled.')
14. print( 'Bundled dir     is', bundle_dir )
15. print( 'sys.argv[0]     is', sys.argv[0] )
16. print( 'sys.executable is', sys.executable )
17. print( 'os.getcwd()     is', os.getcwd() )
18. print( '__file__        is', __file__ )
19.
```

这段代码在不同的模式下运行的结果是不同的。下面我们分别在源代码模式、单个打包文件夹模式、打包独立可执行文件模式下查看输出结果。

在源代码模式下的输出结果是：

```
1.
2. Application     is NOT bundled.
3. Bundled dir     is E:\Develop\myPython\src
4. sys.argv[0]     is E:\Develop\myPython\src\test.py
5. sys.executable is E:\DevSys\python\python.exe
6. os.getcwd()     is E:\Develop\myPython\src
7. __file__        is E:\Develop\myPython\src\test.py
8.
```

在单个打包文件夹模式下的输出结果是：

```
1.
2.  Application     is YES bundled.
3.  Bundled dir     is D:\dist\test
4.  sys.argv[0]     is test
5.  sys.executable is D:\dist\test\test.exe
6.  os.getcwd()     is D:\dist\test
7.  __file__        is test.py
8.
```

在单个独立可执行文件模式下的输出结果是：

```
1.
2.  Application     is YES bundled.
3.  Bundled dir     is C:\Users\ADMINI~1\AppData\Local\Temp\_MEI31162
4.  sys.argv[0]     is test
5.  sys.executable is D:\dist\test.exe
6.  os.getcwd()     is D:\dist
7.  __file__        is test.py
8.
```

可见两种打包模式下的不同在于打包路径。打包运行和源代码运行两类模式下某些环境变量会有变化，这需要引起开发者的重视。如果在程序中用到了上面提到的路径属性，需要提前规划，做好设计，避免出现潜在的错误。

打包程序在启动时，PyInstaller 引导程序会对 LD_LIBRARY_PATH 和 LIBPATH 这两个变量进行修改。首先把 LD_LIBRARY_PATH 或 LIBPATH 的初始值保存到相应的 *_ORIG 变量中，即 LD_LIBRARY_PATH_ORIG 或者 LIBPATH_ORIG 中，然后修改这两个变量，以便随后运行的打包程序在寻找依赖库的时候，首先搜索当前路径，这样被打包的依赖库将被首先找到。

如果所开发的代码要执行一个系统程序，通常不希望这个系统程序加载打包的库，只希望它从系统位置加载正确的库，这就需要在执行这个系统程序前恢复初始值，下面的这段代码可帮助开发者解决这个问题：

```
1.  # ....
2.  # ....
3.  env = dict(os.environ)      # 拷贝一份当前的环境变量
4.  lp_key = 'LD_LIBRARY_PATH'  # for Linux and *BSD.
5.  lp_orig = env.get(lp_key + '_ORIG')
6.  if lp_orig is not None:
```

```
7.        env[lp_key] = lp_orig    # 在Popen()之前，先恢复初始值
8.  else:
9.        env.pop(lp_key, None)    # 否则最后:移除环境变量
10.
11. p = Popen(system_cmd, ..., env=env)    # 创建新进程
12. #...
13.
```

10.2.3　规格文件的使用

在前面提到过，PyInstaller在打包过程中首先会扫描.py文件，并产生一个规格文件，即.spec文件，这个规格文件包含了打包过程中所需要的各种信息，包括输入命令行的选项、文件版本信息，一般情况下我们无需理会这个文件，PyInstaller会自动处理，

不过在以下几种情况下是需要手动修改规格文件的：

① 需要绑定数据文件时；
② 当PyInstaller不能探测出某些应用程序运行需要的依赖库时；
③ 当需要向Python解释器传递选项参数时。

1）创建规格文件

在安装PyInstaller的时候，同时会安装一个创建规格文件的命令行工具pyi-makespec。先看一下pyi-makespec使用的语法格式：

```
1.
2.  pyi-makespec [-h] [-D] [-F] [--specpath DIR] [-n NAME]
3.               [--add-data <SRC;DEST or SRC:DEST>]
4.               [--add-binary <SRC;DEST or SRC:DEST>] [-p DIR]
5.               [--hidden-import MODULENAME]
6.               [--additional-hooks-dir HOOKSPATH]
7.               [--runtime-hook RUNTIME_HOOKS] [--exclude-module EXCLUDES]
8.               [--key KEY] [-d] [-s] [--noupx] [-c] [-w]
9.               [-i <FILE.ico or FILE.exe,ID or FILE.icns>]
10.              [--version-file FILE] [-m <FILE or XML>] [-r RESOURCE]
11.              [--uac-admin] [--uac-uiaccess] [--win-private-assemblies]
12.              [--win-no-prefer-redirects]
13.              [--osx-bundle-identifier BUNDLE_IDENTIFIER]
14.              [--runtime-tmpdir PATH] [--log-level LEVEL]
```

```
15.          scriptname [scriptname ...]
16.
```

可以看出 pyi-makespec 的选项和 pyinstaller 是一致的。例如现在有一个 test.py 文件，创建 test.spec 的命令如下：

```
pyi-makespec test.py
```

创建 test.spec 文件后我们可以进行定制化修改，修改完毕后可以继续使用 pyinstaller 打包，其格式如下：

```
pyinstaller options test.spec
```

采用这种方式打包时，规格文件 test.spec 中的选项将会覆盖命令行中给出的 options 的对应选项，也就是说 test.spec 的优先级最大。

2）规格文件的格式

PyInstaller 在使用 spec 文件时是把它当作 Python 代码来执行的，实际上规格文件 spec 就是一个 Python 源代码文件。下面是一个 spec 文件的样本：

```
1.
2.  # -*- mode: python -*-
3.
4.  block_cipher = None
5.
6.
7.  a = Analysis(['test.py'],
8.              pathex=['D:\\'],
9.              binaries=[],
10.             datas=[],
11.             hiddenimports=[],
12.             hookspath=[],
13.             runtime_hooks=[],
14.             excludes=[],
15.             win_no_prefer_redirects=False,
16.             win_private_assemblies=False,
17.             cipher=block_cipher)
18. pyz = PYZ(a.pure, a.zipped_data,
19.             cipher=block_cipher)
20. exe = EXE(pyz,
```

```
21.            a.scripts,
22.            exclude_binaries=True,
23.            name='test',
24.            debug=False,
25.            strip=False,
26.            upx=True,
27.            console=True )
28. coll = COLLECT(exe,
29.              a.binaries,
30.              a.zipfiles,
31.              a.datas,
32.              strip=False,
33.              upx=True,
34.              name='test')
35.
```

在这段代码中，类Analysis的对象a对输入的源代码py文件进行扫描，分析程序运行的依赖库。其构造函数中包括：

◆ scripts：Python源代码，通过命令行输入的py文件列表；
◆ pure：py文件所需的纯粹的Python模块列表；
◆ binaries：py文件所需的非Python模块列表，包括在命令行中通过--add-binary选项输入的模块；
◆ datas：包含在打包应用中的非二进制文件，包括在命令行中通过--add-data选项输入的文件。

类PYZ的实例pyz对应着一个.pyz归档文件，它包含了类Analysis的实例a的pure列表。类EXE的实例exe根据上面的py文件和pyz归档对象创建打包的可执行文件。类COLLECT的实例coll根据上面的信息创建输出目录。在独立可执行文件的打包模式下，并不调用COLLECT，类EXE的实例将接收全部的py源代码文件、依赖模块和二进制文件。我们对规格文件spec的修改主要体现在对类Analysis和EXE的对象的修改上。

3）规格文件的修改

为了给打包程序添加文件，需要创建一个描述文件的列表，供类Analysis的对象使用。当打包成单文件夹时，这些文件将被拷贝到可执行文件所在的目录下；当打包成独立可执行文件时，这些文件与可执行文件压缩在一起，并在运行时展开，被拷贝到_MEI××××××临时目录下，因此对这些文件的修改将随着程序的关闭而消失。

为类Analysis的对象的datas属性提供一个list文件列表就可以添加数据文件了，这个list列表的元素是元组tuple，每个元组由两个字符串类型元素组成，其中第一个字符串指定了

文件名称（包括路径），第二个字符串指定了打包后程序运行时程序文件所在的路径。例如
把README.txt文件添加到单文件夹打包方式下运行的目录，则格式如下：

```
1.
2.  a = Analysis(...
3.       datas=[ ('src/README.txt', '.') ],
4.       ...
5.       )
6.
```

在datas的文件列表中可使用通配符"*"匹配特定条件的文件，或者一次性把整个文件
夹中的文件都导入，例如：

```
1.  # spec文件实际上就是一个Python源文件，所以语法符合Python即可
2.  added_files = [
3.       ( 'src/README.txt', '.' ),
4.       ( '/mygame/data', 'data' ),  # /mygame/data整个目录打包到data目录中
5.       ( '/mygame/sfx/*.mp3', 'sfx' ),  # 所有MP3文件打包到sfx目录下
6.       ]
7.
8.  a = Analysis(...
9.       datas=added_files,
10.       ...
11.       )
12.
```

PyInstaller在打包过程中往往由于某些原因不能探测到所有的依赖库，这时需要人工告
知PyInstaller到哪里去找依赖库，原理与datas的设置类似，只要为类Analysis对象的binaries
属性提供一个二进制文件列表就可以了，例如：

```
1.
2.  a = Analysis(...
3.          binaries=[ ( '/usr/lib/libodbc.dll', '.' ) ],
4.          ...
5.
```

如果有多个二进制文件需要添加，则可采用上面datas的书写格式。

我们还可以通过规格文件向Python解释器提供命令行选项。虽然Python解释器带有很
多个选项，但在打包模式下只支持下面的几个命令行选项：

① v：在每个模块初始化时输出一个消息到标准输出；

② u：非缓冲标准输入输出；

③ W：改变警告行为，可取值为"W ignore"、"W once"、"W error"。

要传递这些选项，需要创建元组列表，并将列表作为附加参数传递给EXE调用。每个元组都有以下三个元素：

- 作为字符串的选项；
- None
- 字符串"OPTION"。

例如：

```
1.
2.  options = [ ('v', None, 'OPTION'), ('W ignore', None, 'OPTION') ]
3.
4.  a = Analysis( ...
5.               )
6.  ...
7.
8.  exe = EXE(pyz,
9.       a.scripts,
10.      options,     # 添加此行
11.      exclude_binaries=...
12.      )
13.
```

PyInstaller 的使用虽然选项比较多，但是真正需要开发者直接干预的地方并不多。希望读者认真研读规格文件spec的修改，多做几个实际应用案例，融会贯通，很快就会做出定制化的打包应用。

附录

1. Python解释器运行参数

Python是解释性语言，需要Python解释器python.exe（Windows平台）启动源代码来执行。

```
1.
2.  usage: python [option] ... [-c cmd | -m mod | file | -] [arg] ...
3.
4.  选项和参数：
5.  -b      : 在bytes/bytearray对象与str对象进行对比、bytes对象和int对象进行对
            比时发出警告信息。当使用-bb时引发异常错误信息
6.  -B      : 在导入模块(import)时不用产生.pyc文件
7.  -c cmd  : 程序代码以字符串形式输入
8.  -d      : 从分析器中输出调试信息
9.  -E      : 忽略以PYTHON开头的环境变量(如PYTHONPATH)
10. -h      : 输出这些信息然后退出(也可用--help 或者 -?)
11. -i      : 当源代码作为第一个参数传入或使用-c选项时，执行完代码或命令后进入交
            互模式，即使 sys.stdin看起来不是终端
12. -I      : 以隔离模式运行，即与用户的环境相隔离(暗含了-E和-s)
13. -m mod  : 以代码形式运行模块mod
14. -O      : 过滤掉源代码中的assert、__debug__语句，在.pyc之前添加".opt-1"
15. -OO     : 除执行-O的操作外，还去除模块的docstrings，并在.pyc之前添加".opt-2"
16. -q      : 在交互式启动时屏蔽版本、版权等信息
17. -s      : 禁止添加用户的site-packages到sys.path中
18. -S      : 初始化时禁止执行默认的'import site'
19. -u      : 强制stdout和stderr流的二进制层是无缓冲的，stdin仍然是缓冲的，文本I/O为行缓冲
20. -v      : 详细模式。可以出现多次，以输出更详细的信息
21. -V      : 输出Python的版本信息，如果出现两次，会输出更多信息
22. -W arg  : 告警控制，arg格式为action:message:category:module:lineno
23. -x      : 跳过源代码文件的第一行
24. -X opt  : 和解释器实现有关的选项，可以是任意选项，可通过sys._xoptions访问
25. file    : 从文件file中读取程序代码
```

26. - ： 从标准输入读取程序代码(默认方式，交互式)

27. arg ...： 传递给代码程序的参数，可通过sys.argv[1:]访问

28.

29. 环境变量：

30. PYTHONSTARTUP： 交互式启动解释器时执行的文件，如可以是一个py文件(无默认值)

31. PYTHONPATH ： 以';'分隔的路径列表，将添加在默认模块搜索路径之前，最终结果存在sys.path中

32. PYTHONHOME ： 修改标准的Python库的位置

33. PYTHONCASEOK ： 在'import'语句中忽略大小写(Windows平台)

34. PYTHONIOENCODING： 信息输出到stdin/stdout/stderr时的编码方式

35. PYTHONFAULTHANDLER： 出现致命错误时，对错误的信息进行转储

36. PYTHONHASHSEED： 设置str,bytes,datetime三种变量的哈希种子。如果设置为'random'，表示哈希种子是一个随机数。也可以是[0,4294967295]中的任何一个整数

37. PYTHONMALLOC ： 设置Python内存分配器和/或在内存分配器上安装调试钩子。如设置PYTHONMALLOC=debug将安装调试钩子

38.

2. Python 3.6的关键字

Python的关键字可以通过模块keyword提供的方法获得，方法如下：

1. `import keyword`
2. `keyword.kwlist`

这将返回一个包含所有关键字的list对象。Python3.6有33个关键字：

False	Def	if	raise
None	Del	import	return
True	elif	in	try
and	else	is	while
as	except	lambda	with
assert	finally	nonlocal	yield
break	for	not	
class	from	or	
continue	global	pass	

3. Python 3.6内置模块列表

Python的内置模块可以通过模块 sys 提供的方法获得。方法如下：

```
1.  import sys
2.  sys.builtin_module_names
```

这将返回一个包含所有内置模块的元组 tuple 对象。Python3.6 内置的模块有：

_ast	_io	_stat	faulthandler
_bisect	_json	_string	gc
_blake2	_locale	_struct	itertools
_codecs	_lsprof	_symtable	marshal
_codecs_cn	_md5	_thread	math
_codecs_hk	_multibytecodec	_tracemalloc	mmap
_codecs_iso2022	_opcode	_warnings	msvcrt
_codecs_jp	_operator	_weakref	nt
_codecs_kr	_pickle	_winapi	parser
_codecs_tw	_random	array	sys
_collections	_sha1	atexit	time
_csv	_sha256	audioop	winreg
_datetime	_sha3	binascii	xxsubtype
_functools	_sha512	builtins	zipimport
_heapq	_signal	cmath	zlib
_imp	_sre	errno